Sr. Hochgeboren

dem Königl. Preuss. Kammerherrn und Ritter etc.

Herrn Baron von Drieberg

hochachtungsvoll zugeeignet

vom Verfasser.

ISBN 978-3-662-31819-5   ISBN 978-3-662-32645-9 (eBook)
DOI 10.1007/978-3-662-32645-9

Mein Herr Baron!

Diese kleine Schrift, welche durch Ew. Hochgeboren in's Leben gerufen worden, enthält den Versuch, das Erforderliche über das Wesen des Luft- und Wasserdrucks näher zu erörtern, und zwar mittelst eines eigenthümlichen Weges, wie solcher, so viel ich weiss, noch niemals betreten worden. Sollte ich so glücklich gewesen sein, in dieser wichtigen Angelegenheit das wahre Sachverhältniss ergründet zu haben, so würde ich dieses mir dadurch erworbene Verdienst um die Wissenschaft nur Ew. Hochgeboren verdanken müssen. Gesetzt aber auch, dass sich solche Argumente dagegen aufstellen liessen, die durchgreifend genug wären, um meine Theorie als unhaltbar zu verwerfen; so würde ich die darauf verwandte Zeit und Mühe dennoch nicht für verloren erachten, weil ich jedenfalls, wie ich dessen auf's Innigste überzeugt bin, zur Förderung der Wissenschaft, und wenn auch nur indirect, beigetragen. Nichts aber ist nachtheiliger für das Gedeihen derselben, als der blinde Glaube an ihre Unfehlbarkeit, der keinen Einwurf duldet, und alle neueren Untersuchungen scheuet, weil er die ältern als für immer abgethan und geschlossen betrachtet. Ew. Hochgeboren haben sich daher auch jeden Freund der Wahrheit gewiss auf's Dankbarste verpflichtet, dass Sie die ersten Grund-Principien der Hydro- und Aërostatik, die noch lange nicht gehörig genug erörtert waren, auf's Neue in Untersuchung genommen, und durch scharfsinnige Forschungen eine sehr heilsame Aufregung bewirkt haben.

Mit wahrer Verehrung zeichne ich mich, als

Ew. Hochgeboren

Berlin, den 2. Mai 1845.

Gehorsamster
der Verfasser.

Zusammenstellung einiger der wichtigsten Sätze dieser Abhandlung.

1. Feste Körper nehmen selbstständig jede beliebige Form an, die man ihnen giebt.
2. Flüssigen Körpern kann niemals eine andere Form gegeben werden, als die des Raums, in dessen Grenzen sie eingeschlossen sind.
3. Die Luft kann sich nicht von selbst zusammen ziehen, weil sie sich alsdann von den Grenzen, welche sie einschliessen, entfernen, und eine selbstständige Form annehmen müsste.
4. Wo Kraft ist, da ist auch Thätigkeit. Denn die Thätigkeit ist eben die Kraft.
5. Das Gleichgewicht der Körper kann nicht ihre Schwerkraft und also auch nicht ihre Thätigkeit aufheben.
6. Die Thätigkeit der Schwere besteht in Bewegung und Druck.
7. Druck und Gegendruck bedingen sich gegenseitig. Eins erzeugt das Andere.
8. Bewegung entsteht, wenn Eins von Beiden das Uebergewicht hat.
9. Ist Gleichgewicht vorhanden, d. h. ist Druck und Gegendruck einander gleich, so ist die Bewegung aufgehoben, und es entsteht nichts wie Druck.
10. Der Druck eines Körpers nimmt zu und ab, sowie die Geschwindigkeit der Bewegung ab- und zunimmt.
11. Beim Gleichgewicht, wo gar keine Bewegung stattfindet, ist der Druck am grössten, und wo gar kein Druck stattfindet, ist die Bewegung am grössten.
12. Man unterscheidet Druck, Eindruck, Zusammendrücken und Zerdrücken.
13. Eine blosse Berührung bringt keine Art von Druck hervor.
14. Ein Druck ohne unmittelbare oder mittelbare Berührung zweier oder mehrerer Körper ist nicht denkbar.
15. Es giebt zwei Arten von Gleichgewicht: a) wo in der Richtung der Schwere Druck und Gegendruck unmittelbar entgegengesetzt sind; b) wo sie in gleicher Richtung auf einander wirken.
16. ad a) Trägt der gedrückte Körper den drückenden; ad b) tragen beide Körper einander nicht, sondern üben blos gegenseitig einen gleichen Seitendruck aus.
17. Die Elemente der festen und flüssigen Körper befinden sich nach beiden Arten im Gleichgewicht. Die obern Schichten können zwar die untern zusammendrücken, aber nicht zerdrücken.

18. Entsteht in den untern Schichten ein hohler Raum, so stürzen die obern Schichten nicht nach, sondern es bildet sich darüber von selbst eine Art Ablaste-Gewölbe.
19. Bei den flüssigen Körpern fällt dieses Gewölbe weit regulärer aus, wie dies bei den aufsteigenden Luftblasen im Wasser wahrzunehmen ist.
20. Nur muss, wegen der Zerfliessbarkeit, der Lehrbogen unter dem Gewölbe fortwährend bleiben.
21. Den Lehrbogen bildet jeder Körper innerhalb der Flüssigkeit. Bei der Luftblase ist es die Luft.
22. Der eingemauerte menschliche Körper empfindet so wenig, wie der Taucher auf dem Meeresgrunde, einen Druck, denn sie befinden sich innerhalb eines schützenden Gewölbes.
23. Der Erdsturz und die Lavine erdrücken den Menschen nicht, sie ersticken ihn nur.
24. Bei Wasser in Wasser tragen die untern Schichten die oberen, und die Zerfliessbarkeit hält den Seitendruck im Gleichgewicht.
25. Bei Luft in Luft tragen auch die untern Schichten die oberen, den Seitendruck aber hält die Expansibilität im Gleichgewicht.
26. Wegen der ungleichen Spannung in der gesammten Atmosphäre kann diese kein Gewölbe für die Erdkugel abgeben. Die Erde hat daher den Totaldruck der gesammten Atmosphäre zu erleiden.
27. Das Sinken oder Steigen eines schwerern oder leichtern Körpers als Wasser im Wasser kann nur erfolgen, wenn das Wasser zu den Seiten des Körpers einen Kreislauf von unten nach oben oder von oben nach unten vollbringt.
28. Ein Barometer mit seiner Quecksilbersäule fällt in freier Luft zu Boden, weil dieser Kreislauf der Luft Statt finden kann.
29. Das Quecksilber allein, ohne die Röhre, die gehalten wird, kann nicht ausfliessen, weil hier dieser Kreislauf nicht erfolgen kann, indem die ausweichende Luft keinen Raum über dem Quecksilber vorfindet, wohin sie sich begeben könnte; ein Zusammendrücken der Luft aber unmöglich ist, weil diese dem Quecksilber das Gleichgewicht hält *).
30. Dagegen würde aus einem längern Barometer als 28 Zoll das Quecksilber bis auf 28 Zoll ausfliessen, weil das Uebergewicht ein Zusammenpressen der Luft nach den Seiten veranlassen kann.

---

*) Dieser Satz ist (Seite 57, §. 26) etwas anders vorgetragen. Er erscheint jedoch in gegenwärtiger Fassung einleuchtender.

Erster Abschnitt.
Allgemeine Grundsätze.

Die Streitschrift des Herrn *Baron von Drieberg* (Beweisführung, dass die Lehre der neuern Physiker vom Drucke des Wassers und der Luft etc., dritte Auflage, Berlin 1844, bei Trautwein und Comp.) hat, wie bekannt, eine Polemik in den öffentlichen Blättern herbeigeführt, die, weil darin der Gegenstand nur kurz berührt werden konnte, bis jetzt noch zu keinem Resultate gediehen. Vielleicht ist es dem Verfasser vorbehalten, den Streit zu schlichten, und dies ist der Zweck gegenwärtiger Zeilen.

Um über diesen Gegenstand ins Klare zu kommen, wird es nöthig sein, sich einen möglichst deutlichen Begriff von der Natur des Drucks zu verschaffen, wie selbiger bei den Körpern von den drei verschiedenen Aggregats-Zuständen, nämlich dem festen, tropfbar- und elastisch-flüssigen, angetroffen wird.

Um allen Missdeutungen vorzubeugen, möge kurz angedeutet werden, welche Begriffe man mit diesen drei verschiedenen Benennungen zu verbinden hat.

Feste Körper sind solche, deren Cohäsionskraft so stark ist, dass sie im Freien ihre Form beizubehalten vermögen. Man unterscheidet bei ihnen die **harten oder spröden Körper**, wenn sie bei ihrer Zertrennung, unmittelbar nach erhaltenem Stoss oder Druck, aus einander springen, ohne zuvor einen Eindruck anzunehmen; **weiche oder zähe Körper**, wenn sie, ehe sie zerstückeln, sich eindrücken oder aus einander ziehen lassen, ihren Zusammenhang aber dennoch beibehalten.

Tropfbar-flüssige Körper, können im Freien, wo ihnen kein Hinderniss entgegensteht, keine bestimmte Form annehmen; denn sie besitzen die Eigenschaft der **Zerfliessbarkeit**, vermöge welcher sie, auf einer wagerechten Ebene, durch die Schwere veranlasst, nach allen Richtungen zugleich zerfliessen, und sich in diesem Zustande sehr leicht in einzelne Tropfen zertheilen lassen.

Was den dritten Aggregats-Zustand betrifft, so muss ihm die Erklärung von den elastischen Körpern vorangehen. Dies sind solche, welche die Eigenschaft besitzen, dass sie durch Anwendung einer äussern Kraft zusammengedrückt und ausgedehnt werden können, und doch, sobald diese Kraft beseitigt wird, von selbst wieder, d. h. durch eine ihnen beiwohnende innere Kraft der Ausdehnsamkeit und des Zusammenziehens, zu ihrer ursprünglichen, natürlichen Form zurückkehren. Dieses ist z. B. der Fall bei allen Arten von Spring- und Druckfedern, weshalb eine solche Elasticität auch **Federkraft** genannt wird.

Elastisch-flüssige Körper. Diese unterscheiden sich von den festen Körpern darin, dass sie sich zwar durch Anwendung einer äussern Kraft zusammendrücken und ausdehnen lassen, nach Beseitigung dieser Kraft aber sich wohl von selbst wieder ausdehnen, dagegen sich niemals zusammenziehen. Oder mit andern Worten: Diesen Körpern wohnt nur eine **Expansions-Kraft** (Ausdehnsamkeit) bei, welcher nur durch eine äussere Kraft entgegen gewirkt werden kann. Diese Eigenschaft besitzen alle Luftarten, wozu also auch die atmosphärische Luft gehört. Hierdurch rechtfertigt es sich, dass man die Luft zu den Flüssigkeiten zählt; denn das, was bei dem Wasser die Zerfliessbarkeit ist, ist bei der Luft die Ausdehnsamkeit, und so wie das Wasser keine Form im Freien annehmen kann, sondern solche immer erst von dem Gefässe erhält, in welchem es eingeschlossen ist, eben so ist dies auch mit der Luft der Fall. Endlich auch noch, so wie das Wasser keine innere Kraft besitzt, sich von selbst zusammen zu ziehen, ebenso fehlt auch der Luft diese Eigenschaft.

Die Richtigkeit dieser letztern Behauptung scheint sich schon daraus unwiderleglich darzuthun, weil Wasser und Luft, wie erwähnt, keine freie, selbstständige Form annehmen können, vielmehr stets abhängig sind von der Form des ihnen widerstehenden Gegenstandes, der sie einschliesst. Könnten sie sich also von selbst zusammen ziehen, so müssten sie auch die Kraft besitzen, sich von ihrer Umgränzung zu trennen, und eine beliebige Gestalt anzunehmen.

Die Zerfliessbarkeit wird durch die Schwerkraft veranlasst, daher kann sie unmittelbar nur nach unten und nach den Seiten hin wirken. Dagegen ist die ausdehnende Kraft eine solche, die ganz unabhängig von der Schwere, der Luft eigenthümlich angehört; deshalb kann sie auch nach oben wirken.

Die Schwere ist eine allgemeine Eigenschaft aller Körper ohne Unterschied, die in ihnen ein ununterbrochenes Bestreben erzeugt, sich mit einer gewissen Geschwindigkeit, auf dem kürzesten Wege, nach dem Mittelpunkt der Erde zu begeben. Diese Kraft ist unter allen Umständen in den Körpern anwesend, ohne dass man jemals im Stande wäre, sie von ihnen zu trennen. Die fortwährende Anwesenheit der Schwerkraft bedingt daher auch ebenso gut ihre fortwährende Thätigkeit, weil „Kraft" eben nichts anderes ist, als das, was irgend eine Wirkung hervorbringt, und wo keine Wirkung erscheint, da ist auch keine Kraft.

Wird der Körper in seiner directen Bewegung nach

dem Mittelpunkt der Erde durch irgend einen Widerstand behindert, so sucht er auf jedem andern Wege, und zwar immer auf dem kürzesten, zu seinem Ziele zu gelangen. Ist aber der Widerstand von der Art, dass er der Richtung der Schwere gerade entgegengesetzt wirkt, so hört die Bewegung gänzlich auf, und die Wirkung der Schwere, die nicht ausbleiben kann, verwandelt sich aus der Bewegung in einen Druck des Körpers auf das Unterlager.

Ist das Unterlager in Ruhe, so wirkt die Schwere mit ihrer ganzen absoluten Kraft auf dasselbe, und übt einen vollständigen Druck darauf aus. Wird aber das Unterlager vom drückenden Körper, nach der Richtung der Schwere, in Bewegung gesetzt, so bringt die Schwerkraft Druck und Bewegung zugleich hervor. In diesem Falle nimmt der Druck in dem Maasse ab, als die Geschwindigkeit dieser gemeinschaftlichen Bewegung, des drückenden und des gedrückten Körpers, der ursprünglichen Geschwindigkeit des erstern Körpers, mit welcher er sich allein im freien Zustande bewegen würde, gleich kommt. Ebenso nähert er sich umgekehrt dem vollständigen Druck in dem Maasse, wie die gemeinschaftliche Geschwindigkeit geringer ist, als die alleinige des drückenden Körpers im freien Zustande beträgt. Man sieht hieraus, wie die Schwerkraft unter allen Umständen in Thätigkeit bleibt.

Der Druck, den ein Körper, vermöge seiner Schwere, ausübt, geschieht nicht immer auf einen unter demselben befindlichen Widerstand. Dies ist nur der Fall, wenn der Körper aufgelegt oder gelagert wird. Wird er aber aufgehängt, so entsteht der Druck oberhalb beim Aufhängepunkt. Ist der Körper weder gelagert noch aufgehängt, sondern zwischen anderen Körpern eingespannt, so übt er blos einen Seitendruck gegen diese Körper aus. Endlich kann ein Körper auch so situirt sein, dass er von allen Seiten getragen wird, alsdann drückt er auf alle Umgebungen zu gleicher Zeit.

Noch unterscheidet man **Druck, Eindruck, Zusammendrücken** und **Zerdrücken**. Sind, nachdem man den gedrückten Körper von dem drückenden befreit hat, an den beiderseitigen Druckflächen der Körper keine Spuren des Drucks zurück geblieben, so hat ein blosser Druck Statt gehabt. Sind aber an diesen Flächen, nach dem Abheben des drückenden Körpers, Vertiefungen sichtbar, die vorher nicht vorhanden waren, so ist ein **Eindruck** erfolgt. Ein **Zusammendrücken** ist geschehen, wenn der gedrückte Körper gleichmässig an seiner Höhe verloren hat. Von einem **Zerdrücken** endlich ist die Rede, wenn der gedrückte Körper seine Form verloren hat, oder zermalmt worden ist.

Hier soll hauptsächlich nur von dem einfachen Druck gesprochen werden, der keine Spur an den Druckflächen zurück lässt, und werden daher zuvörderst die festen oder starren Körper zu betrachten sein. Die Verwirklichung eines Drucks zwischen zwei starren Körpern kann nur unter unmittelbarer Berührung beider Körper Statt haben. Dass ein Körper, der durch einen Zwischenraum von einem andern Körper getrennt ist, auf diesen drückend sollte einwirken können, ist nicht denkbar. Wohl aber kann ein solcher Druck, mittelst anderer Körper, die dergestalt den Zwischenraum ausfüllen, dass sie sich allesammt gegenseitig berühren, vom ersten bis zum letzten Körper fortgepflanzt werden.

Die blosse gegenseitige Berührung aller dieser Zwischenkörper aber würde allein nicht hinreichen, die erwähnte Fortpflanzung zu bewirken, wenn mit derselben nicht zugleich überall ein Druck verbunden wäre. Nur mittelst des Drucks lässt sich der Druck fortpflanzen. Es wird daher bei einer Kombination von über einander gelegten Körpern der erste Körper auf den zweiten darunter liegenden, der zweite auf den dritten u. s. w. bis auf den untersten einen Druck ausüben. Das gemeinschaftliche Unterlager wird hiernach die Summe des Drucks dieser gesammten Körper, und jeder einzelne Körper die Summe des Drucks aller darüber liegenden Körper zu erleiden haben, d. h. der Druck nimmt mit der Tiefe, in welcher sich die Körper befinden, fortwährend zu.

So einleuchtend und naturgemäss nun auch diese Erklärung vom Drucke ist, so treten dem doch in der Erfahrung gewisse Erscheinungen entgegen, die schon über die Natur des Drucks fester Körper mancherlei Zweifel und Bedenklichkeiten erregen, die wohl wichtig genug sind, näher beleuchtet und möglichst beseitigt zu werden. Dem soll nun im folgenden genügt werden. Zuvor scheint es jedoch nöthig, dass man sich recht klar mache, was man unter dem Gleichgewicht in der Natur zu verstehen habe. Zwei oder auch mehrere Körper befinden sich zu einander im Gleichgewicht, wenn sie so gegenseitig auf einander einwirken, dass sie dadurch gezwungen sind, in Ruhe zu verbleiben. Durch das Gleichgewicht der Körper wird wohl ihre Bewegung aufgehoben, keinesweges und unter keinerlei Umständen aber der Druck. Der Druck ist vielmehr die einzige Ursache des Gleichgewichts. So lange die Körper gegenseitig keinen Druck auf einander ausüben, können sie sich auch nicht das Gleichgewicht halten.

Das Gleichgewicht kann ein natürliches, oder ein durch die Kunst hervorgebrachtes sein. Von der erstern Art soll hier nur dasjenige Gleichgewicht behandelt werden, in welchem sich die Bestandtheile eines gleichartigen Körpers unter einander befinden; von der letztern Art nur des einfachen gleicharmigen Hebels Erwähnung geschehen. Beide Arten beruhen auf denselben Principien, nämlich auf der Wirkung gleicher Kräfte in entgegengesetzten Richtungen, oder auf gleichem Druck und Gegendruck, und sind nur in der Art und Weise, wie die sich gegenwirkenden Theilchen oder Körper mit einander in Verbindung stehen, verschieden.

Also zuerst von den festen Körpern, unter welchen hier nur die starren Körper verstanden werden sollen. Wenn man von den gleichartigen Bestandtheilen eines natürlich gewachsenen Steins oder sonstigen Naturproducts spricht, so begreift man darunter die kleinsten Partikelchen, woraus die Materie zusammengesetzt ist. Indessen sind dergleichen Körper meist so irregulär geformt, dass sie zu gegenwärtigen Betrachtungen weit weniger geeignet sind, als ein von der Kunst zusammengesetzter Körper, z. B. ein reguläres volles Mauerwerk aus Ziegelsteinen, wo die Ziegel für die erwähnten gleichartigen Bestandtheile gelten können. Ein einzelner abgesonderter Ziegel hat an und für sich eine so geringfügige Cohäsion zwischen seinen einzelnen Theilchen, dass ein einziger leichter Hammerschlag hinreichend ist, ihn zu zerschellen, oder die blosse Last von einigen Centner-Gewichten fähig ist, ihn zu zerdrücken, und doch werden Mauern davon erbaut, welche der Dauer von Jahrhunderten Trotz bieten. Bekanntlich werden dergleichen Mauern aus wagerechten Steinschichten zusammengesetzt. Nach obiger Voraussetzung werden die untersten Schichten von der Last aller höher liegenden Schichten gedrückt, und dennoch können diese schwachen Steine in den untern Schichten dem ungeheuren Druck ebenso gut wie in den obern Schichten, die im Verhältniss mit ihnen so gut wie gar nicht belastet sind, vollkommenen Widerstand leisten. Ja, gerade die Mauern hoher Thürme und Paläste sind es, die sich ganz oder theilweise aus dem Alterthume her erhalten haben, während kleinere und leichtere Bauwerke aus jenen Zeiten längst von der Erde verschwunden sind. Wie lässt sich nun diese wunderbare Erscheinung naturgemäss erklären?

Wie im Haushalte der Natur Alles auf das Bestehen und Erhalten berechnet ist, wie die zerstörenden Gewalten selbst zugleich das Mittel sind, der Zerstörung entgegen zu wirken: so ist es auch hier wieder der Druck selbst, indem er einerseits die gedrückten Körper durch ein Uebermaass von Kraft zu zertrümmern drohet, andererseits das Gleichgewicht erzeugt, welches die drückende Gewalt, nicht etwa wieder aufhebt, d. h. vernichtet — denn das wäre eine Unmöglichkeit — wohl aber völlig unschädlich macht.

Unter die allgemeinen Eigenschaften der Körper nämlich gehört auch die Undurchdringlichkeit. Ein Körper kann zwar einen andern Körper zusammendrücken, dessen Form verändern, in seine Poren eindringen, ihn ganz aus der Stelle verdrängen; aber in das Wesen seiner materiellen Bestandtheile so einzudringen, dass er mit ihm zugleich einen und denselben Raum einnehme, das ist ihm schlechterdings unmöglich. Ist daher ein Körper so weit zusammen gedrückt worden, als es seine Poren nur irgend gestatten, so kann ein fernerer Zusammendruck nur dann erfolgen, wenn die Bestandtheile des gedrückten Körpers nach den Seiten hin ausweichen können. Ist er demnach von allen Seiten mit andern Körpern umgeben, die diesem Seitendruck den erforderlichen Widerstand zu leisten vermögen, so widersteht er auch seinerseits der vertical auf ihn drückenden Last, mag diese ihm an Druckkraft auch noch so sehr überlegen sein.

Hieraus erklärt sich, woher der Ziegel, der einzeln

und abgesondert so sehr zerbrechlich ist, die Kraft entnimmt, innerhalb der Mauer, ohne beschädigt zu werden, dem grössten Druck zu widerstehen. Das Gleichgewicht ist es, in welchem sein Seitendruck mit dem gleichen Gegendruck der Ummaurung steht, das diese Erscheinung hervorbringt. Denn dieser Gegendruck der Ummaurung ist gleichfalls nichts anders, als ein Seitendruck, der von einem gleichen Druck des auf ihm lastenden Mauerwerks erzeugt wird.

Dieser gleichmässige, gerade entgegengesetzte Seitendruck ist sogar auch bei einzelnen unvermauerten Ziegeln in Thätigkeit, und bringt dasselbe Gleichgewicht hervor. Belastet man nämlich einen einzelnen freiliegenden Ziegel mit einer beliebigen Menge einzelner, lothrecht auf einander gelegten, Ziegel, welche sämmtlich eine gleiche Form und Qualität besitzen, und deren Lagerflächen so glatt und eben sind, dass sie sich in allen Punkten gegenseitig berühren, so wird dieser unterste Ziegel, ungeachtet des grossen auf ihm lastenden Druckes, ganz unversehrt bleiben. Denn alle einzelne Partikelchen desselben erleiden einen gleichen Druck von oben, und so entsteht denn durch die ganze Masse des Gesteins, wie vorher, ein gleichmässiger sich entgegengesetzter Seitendruck.

Wenn man sich Ziegel von der erwähnten gleichmässigen, glatten und ebenen Form verschafft, so kann man mit ihnen die grössten Mauerwerke ausführen, wenn man sie blos kunstgemäss über einander legt, ohne sie weiter mit einer Mauerspeise, oder einem sonstigen Bindungs- und Kittmittel zu versehen. Je bedeutender der Bau in Umfang und Höhe ist, je tüchtiger wird ein solches Mauerwerk sein.

Gegen diese Theorie des Drucks, welche durchweg mit der Erfahrung übereinstimmt, könnte man nun folgenden Einwand geltend machen wollen. Wenn überhaupt die Steinschichten in der Mauer lothrecht auf einander drücken, und dieser Druck also nach unten zu sich nothwendig immer mehr und mehr vergrössert, so müsste auch ein Ziegel am Fusse eines hohen Thurmes weit schwerer aus der Mauer heraus zu brechen sein, als wenn man einen solchen Ausbruch an dem obern Theil des Thurmes unternähme, indem unten ein bei weitem grösserer Druck zu überwinden ist als oben. Ferner müsste aus demselben Grunde ein grosser, starker, eiserner Nagel um so schwieriger in die Mauer einzutreiben sein, je tiefer dies nach unten geschehen sollte, und doch trifft beides in der Praxis keinesweges zu. Mit derselben Mühewaltung bricht man einen Stein aus, oder treibt einen Nagel ein, die Stelle mag sich an einem Theile der Mauer befinden, wo sie wolle. Endlich mache man den Versuch, und lasse sich den ausgestreckten Arm regelmässig einmauern. Man wird von dem höchsten Mauerwerk darüber nicht den geringsten Druck verspüren. Wie passt dies nun zu der Behauptung von der Existenz des Drucks innerhalb der Mauer und dessen Zunahme nach unten?

Diese Einwürfe nun gründlich beseitigen zu können, ist für die Theorie von der höchsten Wichtigkeit. Besonders ist dies aber in Beziehung auf den Zweck der gegenwärtigen Abhandlung als eine Lebensfrage zu betrachten, weil es nämlich auch bei dem Wasser- und Luftdruck, wovon gleich nachher gesprochen werden wird, nur darauf ankommt, das Dasein dieses Druckes mit den Wahrnehmungen, die das Gegentheil zu bekunden scheinen, zu vereinbaren.

Um also die Theorie des Drucks mit den ihr schroff gegenüberstehenden Factis in der Wirklichkeit, welche letztere sich nun einmal nicht wegleugnen lassen, in Einklang zu bringen, bleibt nichts anders übrig, als zur Theorie der Gewölbe seine Zuflucht zu nehmen. Es ist bekannt genug, welche erstaunenswürdige

Bauwerke zu allen Zeiten, vermittelst kühner Wölbungen, zur Ausführung gekommen sind. Betrachtet man die gewölbten Decken in alten gothischen Kirchen, die keine andere Unterstützung haben, als künstlich gemauerte Pfeiler, die sich wie schlanke Baumstämme in die Luft erheben, so hat es fast das Ansehen, als schwebe eine solche Decke ganz im Freien, und gehöre sie gar nicht zu den Körpern, die der Schwere unterthan sind. Erwägt man ferner die Allgewalt der über weite Räume geschlagenen Brükkenbogen, die ohne alle Bindungsmittel, aus künstlich geformten Steinen zusammengesetzt sind, und die nicht nur ihre eigene ungeheure Last zu tragen, sondern auch noch den sie erschütternden Druck des über sie hinweg rollenden schweren Fuhrwerks auszuhalten haben; so drängt sich uns gewiss die Frage sehr natürlich auf, woher wohl der erste Baumeister zu dem Muth gekommen sein mochte, solche Dinge zu wagen, bei welchen das Leben von Tausenden bedroht erscheinen musste? — Und doch war es hier wieder nur die grosse Lehrmeisterin, die Natur, die mit siegender Klarheit auf die Gesetze hingewiesen, die hier vorwalten.

Man beobachtete nämlich an allem sehr hohen Gemäuer, welches, wenn es am Fusse, also an dem wichtigsten Theile, indem der Fuss es ist, der die ganze Last zu tragen hat, zum Theil schon unterhöhlt war, dennoch nicht die geringste Spur von einer Senkung des obern Mauerwerks bemerken liess. Zugleich entging es dem Beobachter nicht, dass die Oeffnung, welche daselbst durch einen theilweisen Einsturz entstand, immer eine eigenthümliche Form anzunehmen pflegte. Sie kam nämlich einem gleichschenkligen Dreiecke, dessen Grundlinie in der untersten Steinschicht lag, sehr nahe. Dieser Umstand musste nun geraden Weges auf folgende Schlüsse leiten.

Im Normal-Zustande der Mauer war die Last so vertheilt, dass alle Steine in einer Schicht auf die Steine der darunter liegenden Schicht gleichmässig, nach der Richtung der Schwere, drückten. Jetzt mögen nun von der untersten Schicht einige, etwa 5 Steine neben einander verwittert sein, so werden, vorausgesetzt dass die Steine zwar im Verbande, aber ohne alle Mauerspeise zusammen gefügt seien, nicht alle 5 Steine aus der darauf ruhenden zweiten Schicht nachfallen, sondern etwa nur 4 Stück. Zwei Steine an den beiden Enden dieses Theils der Schicht werden noch theilweises Lager unter sich haben, und durch den Druck von oben sich erhalten können. Auf gleiche Art werden aus der dritten und vierten Schicht nur 3 und 2 Steine, und endlich aus der fünften Schicht gar nur 1 Stein nachfallen. Die sechste Schicht wird unversehrt bleiben. Hierbei wird es freilich auf den Grad der Regularität des Verbandes und die Gleichförmigkeit der Steine ankommen, wenn der Einsturz gerade in der geschilderten Form erfolgen soll. In den meisten Fällen werden sich bald mehr bald weniger Steine ablösen. Besonders wird dies der Fall sein, wenn die Steine ohne ein Bindungsmittel vermauert worden, aber immer wird der Ausbruch, wie gesagt, sich der Gestalt eines gleichschenkligen Dreiecks nähern.

Dasselbe Resultat mag sich später noch bei mancherlei andern Gegenständen dieser Art zufällig herausgestellt haben. So kann es sich wohl einmal zugetragen haben, dass man an einem mit kleinen regelmässigen Körpern, z. B. mit Schrot, Erbsen etc. angefüllten, oben offenen hölzernen Gefäss mit nicht geringem Erstaunen bemerkte, dass der schadhafte, durchlöcherte Boden, obgleich er unten ganz frei auf einem Gestell ruhete, nur einige dieser Körner durchfallen liess, während die ganze Masse derselben ruhig zurück blieb, und da, wo sie keinen Boden unter sich hatte, im Freien schwebend erhalten wurde, und nicht nachstürzte.

Diese und ähnliche Erscheinungen zeigten zu deutlich auf die weise Einrichtung hin, welche die Natur getroffen, um dem sofortigen Umsturz schwerer und in bedeutende Höhen sich erstreckender Körpermassen, die theilweise ihres Unterlagers beraubt werden, dadurch vorzubeugen, dass sich bei jedem entstehenden geringen Durchbruch zu gleicher Zeit der Druck von der lothrechten, in eine zu beiden Seiten der Oeffnung schräg hinab gehende Richtung verwandelt.

Aehnliche Ablastungen hat demnach die Kunst, aber in viel regelmässigerer Gestalt, vermittelst der Wölbungen, auszuführen versucht. Zuerst entstand der Spitzbogen. Alsdann versuchte man es mit einem Bogen im vollen Zirkel und drückte später den Wölbungs-Bogen immer etwas flacher, bis man es endlich wagte, zu dem ganz geraden, sogenannten scheitrechten Bogen zu greifen.

Hierin nun allein, nämlich in der Verwandlung des lothrechten Druckes in einen Seitendruck nach schräger Richtung, welche jede in einer Mauer entstehende Oeffnung sich von selbst erzeugt, ist der Grund zu suchen, weshalb das Ausbrechen eines Ziegels, das Eintreiben eines Nagels am untern Theile einer hohen Mauer von ihrem nach unten zu sich vermehrenden Druck keinen grössern Widerstand, und der eingemauerte Arm überhaupt keinen Druck, so wenig am untern als am obern Theil der Mauer, zu erleiden hat. Denn bei allen diesen Unternehmungen wird eine grössere oder geringere Oeffnung in der Mauer gemacht. Bei jeder Oeffnung aber etablirt sich, mit Rücksicht auf ihre Grösse, von selbst ein natürlicher Ablastbogen, welcher den verticalen Druck über der Oeffnung, nach ihren beiden Seiten hin, in schräger

Richtung ableitet. Man könnte sich hiernach sogar mit seinem ganzen Körper einmauern lassen, und man würde von dem Drucke über sich eben so wenig etwas empfinden, als man den Druck eines Gewölbes fühlt, mit dessen Unterfläche man in Berührung steht. In dem Falle der völligen Einmaurung wird man sich zwar überall von dem Mauerwerk berührt fühlen, eine blosse Berührung aber, da sie nicht fähig ist, einen Eindruck hervor zu bringen, kann für den lebenden Körper durchaus keine Empfindung des Drucks herbei führen.

Nach allen diesen Voraussetzungen dürfte nunmehr der Weg gebahnter sein, welchen die Nachforschungen über die Natur des Gleichgewichts der einzelnen Wassertheilchen, einzuschlagen hat. Auch das Wasser kann man sich in wagerechte Schichten abgetheilt vorstellen. Das Gleichgewicht unter den einzelnen Theilchen wird auch hier durch den Druck der Schwere, welcher ebenso wie bei den festen Körpern einen Seitendruck nach allen Richtungen veranlasst, erzeugt. Dieser Seitendruck entsteht hier nicht allein von dem verticalen Druck aller höher liegenden Wasserschichten, sondern es kommt auch noch der Druck von der natürlichen Zerfliessbarkeit hinzu, welcher sich als ein unmittelbarer Seitendruck kund giebt. Ebenfalls lässt sich nicht bezweifeln, dass der Wasserdruck in der Tiefe zunimmt. Denn nur durch die allmälige Fortpflanzung des Drucks von den obern auf die untern Schichten lässt es sich erklären, wie der Boden des mit Wasser gefüllten Gefässes von der Last sämmtlicher Schichten gedrückt wird.

Ueberhaupt kommt es vor allen Dingen darauf an, dass man sich recht klar mache, was es mit dem **Gleichgewicht durch Seitendruck** für eine Bewandtniss habe. Der Einwurf, der hier von vorn herein gemacht werden kann, erscheint als sehr natürlich. Derselbe besteht nämlich darin: Wenn die einzelnen Wassertheilchen wirklich durch das Gleichgewicht, in welchem sie sich befinden, sich gegenseitig in ihrer Stelle erhalten, also einander **tragen**, mithin auch jeder verticale **Druck** nach unten völlig abgelastet ist; wie kann es nun kommen, dass die Schichten auf einander drücken, und dass der **Druck** in der Tiefe des Wassers zunimmt? Wie ist es ferner möglich, dass der Boden des Gefässes die gesammte Wasserlast zu tragen hat, da bereits jedes einzelne Wassertheilchen vom Gleichgewicht gehalten und getragen wird? —

Allein die Sache verhält sich anders. Wenn im Allgemeinen das Gleichgewicht auch ein **Tragen** bewirken, d. h. die Bewegung des gegenseitigen Körpers in der verticalen Richtung nach unten aufheben soll, so müssen die Richtungen beider, sich im Gleichgewicht haltenden, Körper eine gerade entgegengesetzte sein, und zwar von oben nach unten, und von unten nach oben. So wird hier das obere Wasser von dem unteren getragen, weil Druck und Gegendruck die erwähnten Wirkungen äussern. Beim Gleichgewicht nun, das nur aus dem Seitendruck entsteht, ist die ursprüngliche Richtung beider sich entgegen wirkenden Kräfte, wie z. B. hier, die verticale Richtung der Schwere nach unten. Wenn aber Druck und Gegendruck zugleich nach unten wirken, so kann dadurch das **Fallen** beider Körper, wiewohl sie sich das Gleichgewicht halten, nicht beseitigt werden.

Die Wassertheilchen sind demnach nicht fähig, sich vermöge des Gleichgewichts gegenseitig zu **tragen**, sondern sie besitzen nur ein Bestreben, die Wirkung der Zerfliessbarkeit zu verhindern. Den verticalen Druck nach unten behalten demnach auch die Wasserschichten bei, und so werden denn die tiefer liegenden stärker gedrückt, und am stärksten der Gefässboden, welcher der Träger der Gesammtlast ist. Dies lehrt die Erfahrung in jedem Augenblick. Wer einen Eimer Wasser hebt, hat das ganze Gewicht des Wassers zu tragen, weil das Gleichgewicht innerhalb des Wassers nur dazu dient, das Wasser in sich selbst in Ruhe zu erhalten, und vor dem Zerfliessen seiner einzelnen Theile zu bewahren.

Ein Mehreres bewirkt im Grunde das Gleichgewicht, welches durch die Kunst hervorgebracht wird, auch nicht. Bei der Wage z. B., wenn sie sich im Gleichgewicht befindet, werden die gegenseitigen Gewichte ebenfalls nicht Eins von dem Andern getragen. Dieses Tragen der Gewichte geschieht von den Schalen, die ihrerseits von dem Wagebalken, der wiederum von der Gabel, welche endlich von dem Gestell, an dem die Wage aufgehängt ist, getragen wird. Die Function des Gleichgewichts aber besteht einzig nur darin, die Zunge in der lothrechten Richtung zu erhalten, und jede Seitenbewegung derselben, nach rechts oder links, zu verhindern.

Das Wasser, welches schon ohne allen Druck von oben die Eigenschaft der Zerfliessbarkeit besitzt, vermöge welcher es sich auszudehnen strebt, wird ein solches Bestreben um so mehr äussern, wenn ein Druck von oben, durch darauf ruhende, höher liegende Wasserschichten, oder durch irgend einen andern körperlichen Gegenstand stattfindet, welcher Seitendruck aber, wie gesagt, innerhalb des Wassers im Gleichgewicht ist. Die wagerechten Schichten des im Gefäss eingeschlossenen Wassers können demnach, obgleich sie sich mit ihrem ganzen Gewicht einander drücken, und der Druck demgemäss in der Tiefe zunimmt, eben so wenig, wie die Steinschichten in der Mauer, ein Zusammendrücken hervorbringen.

Es entsteht nun aber die Frage, woher kommt es, dsss der menschliche Körper, der bekanntlich schon für den geringfügigsten Druck so empfindlich ist, der schon dem Drucke von einigen Centnern unterliegt, dennoch auf dem Boden des Meeres den ungeheuren Luft- und Wasserdruck von mehr als einer Million Pfunden mit Leichtigkeit ertragen kann? — Ein Wasserkörper von menschlicher Form kann allerdings diesem Druck widerstehen. Denn das sich im Gleichgewicht befindliche, in seinen Elementen gleichartige Wasser kann von dem darauf drückenden Wasser keinen Eindruck empfangen. Was aber eine solche Widerstands-Fähigkeit besitzt, dass es nicht einmal für einen einfachen Eindruck eine Empfänglichkeit besitzt, kann noch weit weniger zusammengedrückt, und am allerwenigsten zerdrückt werden. Der menschliche Körper jedoch, aus den heterogensten Bestandtheilen zusammengesetzt, der mit seinen vielfachen Röhren und Höhlungen allen möglichen Eindrücken preisgegeben ist, warum soll dieser von einer so enormen Last nicht augenblicklich zerdrückt werden?

Allein so sehr sich auch die tropfbaren Flüssigkeiten von den festen Körpern unterscheiden mögen, so hat doch die Natur, die in allen ihren Maassregeln die Einfachheit vorherrschen lässt, bei beiden einen und denselben Gedanken in Ausführung gebracht, nämlich den, dass, wenn innerhalb einer Flüssigkeit, also auch des Wassers, ein hohler Raum entsteht, der von irgend einem Körper ausgefüllt wird, das diesen Raum umgebende Wasser sogleich von selbst ein ablastendes Gewölbe bildet. Dies erfolgt jederzeit, der hohle Raum mag gross oder klein sein, er mag sich oben, oder in der Tiefe des Wassers befinden. Bei den festen Körpern, wo der Druck nur von oben und von den Seiten kommt, wirkt das Gewölbe ablastend auch nur von oben und von den Seiten her. Dagegen beim Wasser, welches auch von unten drückt, lastet das Gewölbe in allen Richtungen den Druck von der Oeffnung ab. Der Körper, der den hohlen Raum im Wasser ausfüllt, giebt ebenso, wie bei der Oeffnung in der Mauer, nur den **Lehrbogen** für das Wassergewölbe ab, welcher also keinen Druck zu erleiden hat.

Von diesem Sachverhältnisse überzeugt man sich auf das Evidenteste, wenn man den Fall betrachtet, wo der den hohlen Raum ausfüllende Körper eine Luftart ist. Der Luft-Entwicklungs-Prozess, mittelst des pneumatisch-chemischen Apparats, besteht, wie bekannt, darin, dass die Luftblasen unter Wasser in die Mündung des mit Wasser angefüllten, umgekehrten Glases geleitet werden. Eine Luftblase innerhalb des Wassers ist nun aber nichts anderes, als ein von einem Wassergewölbe umschlossener hohler Raum, der mit Luft ausgefüllt ist.

Beobachtet man den Verlauf dieses Prozesses von dem Augenblick an, wo die entbundene Luft in die Mündung des Glases eintritt, und nun innerhalb desselben so lange in die Höhe steigt, bis sie den höchsten Standpunkt erreicht hat; so bemerkt man gleich zu Anfang, dass das Wasser in der Mündung sich hebt, und zu den Seiten, in dem Maasse wie die Luft eintritt, überfliesst, d. h. es bildet sich sofort eine kugelige Wasserwölbung, welche den Oberdruck von der Luft ablastet, die sonst gar nicht in die Mündung eintreten könnte. So wie sich nun die Luft im Wasser nach und nach hebt, so bestrebt sich dasselbe, die begonnene Wölbung nach unten fortzusetzen, und sie endlich ganz zu schliessen. Nun ist die Luft in einem vollständigen Kugelgewölbe eingeschlossen, und erleidet von keiner Richtung her den geringsten Wasserdruck. Der Schluss des Gewölbes von unten erklärt sich so. Dem abfliessenden Seitenwasser folgt das Oberwasser nach. So wie die Luft steigt, vermehrt sich dieser Zufluss, und in demselben Verhältniss nimmt der Seitendruck successive zu, bis er endlich stark genug ist, den Schluss des Gewölbes von unten zu vollbringen, und so der nachdrängenden Luft den Zugang abzusperren. — Nachdem das Wasser sich auf diese Art wieder in Gleichgewicht gesetzt, beginnt das Spiel von neuem. Das Eintreten der Luft, und die Wölbung des Wassers, und so sieht man, wie eine Luftblase nach der andern, in gehörigen Zwischenräumen von einander getrennt, innerhalb des Wassers in die Höhe steigt. Denn da die Blasen sich mit gleicher Geschwindigkeit bewegen, so können sie auch nicht zusammen fliessen.

Dass übrigens Wasser, wenn ihm ein etwas zäher Stoff beigemischt wird, sich sehr leicht zu einer Hohlkugel wölben lässt, und zwar von Innen und Aussen in freier Luft, dies wird durch die Seifenblasen, ein bekannter Zeitvertreib der Kinder, an dessen herrlichem Farbenspiel sich auch Erwachsene ergötzen können, vollkommen bestätigt. Diese haben eine Consistenz, dass sie sich eine Zeit lang, ganz isolirt, erhalten können, und kann man sie sogar auf einem ausgespannten Tuche hin und her rollen lassen, ehe sie zerspringen. Das merkwürdigste bei diesen Blasen, denen man eine Ausdehnung von fast einem Fuss Durchmesser geben kann, ist dies, dass sich die Oeffnung, durch welche die Luft eingeblasen wird, von selbst kugelförmig verschliesst, sobald die Blase von dem Pfeifenkopfe abgeworfen wird, wobei wahrscheinlich die Anziehungskraft, vermittelst welcher zwei neben einander liegende Tropfen zusammenlaufen, mit eine Rolle spielt.

Die Gewölbbildung im Wasser geschieht auf eine weit vollkommenere Art, wie bei den festen starren Körpern, und wie namentlich bei dem oben angeführten Beispiele von der Mauer. Um sich hiervon zu überzeugen, hänge man einen Körper, der schwerer als Wasser ist, an einen Faden, und tauche ihn unter

Wasser. Es wird sich augenblicklich über ihm schliessen, und nun mag man den Körper auf und ab im Wasser bewegen, so rasch oder so langsam, wie man wolle, man wird von dieser Bewegung auf dem Wasserspiegel nicht das Mindeste bemerken. Derselbe wird fortwährend glatt und eben bleiben. Hieraus lässt sich nun unmittelbar der Schluss folgern, dass der Körper in keiner Region des Wassers von der über ihm befindlichen Wassersäule einen Druck erleiden könne. Denn wäre dies der Fall, so müsste bei der Bewegung des Körpers nach der Tiefe die auf ihm ruhende und ihn drückende Säule sich auch nach der Tiefe begeben, und sich demgemäss auf dem Spiegel eine Vertiefung zeigen, die im Verhältniss mit dem Sinken der Säule steht, die sich aber sogleich von dem Zufluss des Seitenwassers wieder ausfüllt. Eine solche Erscheinung bietet z. B. ein mit sehr feinen trockenen Sandkörnern ausgefülltes Gefäss, welches in seinem Boden eine, mit einer Klappe versehene, runde Oeffnung besitzt. So wie diese Klappe geöffnet wird, senkt sich die Sandsäule, deren Basis die Form der Oeffnung hat, in der Oberfläche des Sandes entsteht über der Säule eine Vertiefung, welche der zuströmende Seitensand auszufüllen strebt. Diese Bewegung dauert so lange, bis aller Sand durch die Oeffnung gefallen ist. Von einer solchen Bewegung im Wasserspiegel ist aber, wie gesagt, nicht die geringste Spur ersichtlich. Das Sinken des Körpers steht vielmehr ausser aller Beziehung zum Wasserspiegel. Denn in demselben Augenblick, wo der Körper das Unterwasser trennt, schliesst sich auch schon das sich zunächst befindliche Seitenwasser zum Schluss des Gewölbes über ihm zusammen, und verhindert die Wassersäule, dass sie sich dem Körper nachsenke.

Bei dem Steigen der Luftblasen, wovon vorher die

Rede war, geht dieser Wölbungs-Prozess in umgekehrter Ordnung von Statten. Indem sich nämlich die Blase hebt, und das Oberwasser trennt, schliesst sich das Unterwasser zu einem Gewölbe zusammen, und dies Alles geschieht mit einer solchen Leichtigkeit und so schnell, dass es das Ansehen gewinnt, als führe die Luftblase ihr Wassergewölbe von unten bis oben mit sich hinauf, welches doch nicht der Fall ist, da die Blase, ebenso wie jeder andere Körper, das Wasser durchschneidet, und sich daher in jedem Augenblick ein neues Gewölbe erzeugen muss.

Eine ähnliche Ablastung einer Wassersäule durch das Wasser selbst, und wenn auch gerade nicht in der Form eines Gewölbes, liefert folgender, gewiss sehr merkwürdiger Versuch. Füllt man das oben erwähnte Gefäss, welches in seinem Boden eine mit einer Klappe versehene runde Oeffnung hat, mit Wasser statt mit Sand an, und öffnet die Klappe, so sollte man meinen, es müsse die Wassersäule, die sich über der Oeffnung befindet, da sie ihr Unterlager verloren, ebenso wie es mit der Sandsäule geschieht, ausströmen, und zwar in einer Säulengestalt vom Durchmesser der Oeffnung. Dies ist jedoch durchaus nicht der Fall. Denn geschähe das wirklich, so könnte die nächste Folge davon keine andere sein, als dass in dem Wasserspiegel, gleichwie in der Oberfläche des Sandes, eine Vertiefung sich bildete, und ferner der ausfliessende Strahl die Säulenform vom Durchmesser der Oeffnung zeigen müsste. Beides trifft aber nicht ein. Der Wasserspiegel bleibt nach wie vor in Ruhe, glatt und eben, und der Ausgussstrahl behält den Durchmesser der Oeffnung nicht bei, sondern verjüngt sich immer mehr und mehr nach unten, so dass man fast glauben könnte, als erleide er, je tiefer er hinabfällt, eine förmliche Zusammenziehung. Der Prozess des Ausgusses stellt sich jedoch wie folgt heraus.

So wie die Klappe geöffnet wird, will die Wassersäule, die unmittelbar von der geschlossenen Klappe getragen wurde, ausströmen. Zu gleicher Zeit drängt sich aber auch das Seitenwasser überall hinzu, um ebenfalls durch die Oeffnung zu fliessen. Dieses Wasser aber strömt von allen Seiten herbei, und wird von dem Druck des gesammten Wassers angetrieben, es überwiegt also den einfachen Druck der Wassersäule. Diese findet daher die Aufgussöffnung versperrt und muss demnach ihren Ausweg endlich ebenfalls von der Seite nehmen. Dies ist also der Grund, weshalb man keine Vertiefung im Wasserspiegel bemerkt.

Rührt nun aber der Ausgussstrahl vom Seitenwasser her, so muss er, nach hydraulischen Gesetzen, von jedem Punkt der Peripherie der kreisförmigen Oeffnung aus, in der Form einer Parabel sich ergiessen. Demgemäss ist der Hauptstrahl zusammengesetzt aus lauter parabelförmigen Strahlen, die alle von sämmtlichen Punkten einer Kreislinie ausgehen, d. h. deren Scheitelpunkte in dieser Kreislinie liegen, und mit ihrer Convexität zu einander gekehrt sind. Diese parabolischen Strahlen zusammengenommen, bilden nun mit ihren Convexitäten den äussern Umfang des Hauptstrahls, und da die Parabel, ihrer Natur nach, sich bei der Verlängerung immer mehr von ihrer Axe entfernt, so ist es erklärlich, woher es kommt, dass der Ausgussstrahl eine curvenartige, sich nach unten zu verjüngende Gestalt annimmt.

So wie nun hier die mittlere Wassersäule von dem ausströmenden Seitenwasser förmlich getragen, und schwebend über der Ausgussöffnung erhalten wird, ebenso, und mit noch weit grösserm Grund, sind die erwähnten Wasserwölbungen fähig, die Wassersäulen über sich zu tragen und abzulasten. Denn die innigst zusammenhängenden Wassertheilchen bieten in einem sehr hohen Grade die zu einer künstlichen Wölbung erforderlichen Requisiten dar. Zu diesem Versuche habe ich mich übrigens eines runden Gefässes bedient von 4 Zoll Durchmesser und Höhe, mit einer Ausgussöffnung von $\frac{1}{2}$ Zoll Durchmesser. Bei anderen Dimensionen sind auch die Erscheinungen anders.

Die fremden Körper innerhalb des Wassers, über welchen das Wasser sich wölbt, dienen also, wie erwähnt, diesen Gewölben blos zur Lehre, und so wenig wie ein gemauertes Gewölbe von seinem unter ihm befindlichen hölzernen Lehrbogen getragen wird, ebenso wenig trägt ein fremder Körper im Wasser das Wassergewölbe über sich.

Es bleibt nunmehr nur noch übrig, von dem Druck der elastisch-flüssigen Körper, zu deren Repräsentanten man gewöhnlich die atmosphärische Luft wählt, zu sprechen. Es ist bereits im Allgemeinen angeführt worden, dass sich die Natur der expansibeln von den tropfbaren Flüssigkeiten, also auch die Natur der Luft von der des Wassers, nur darin unterscheiden lässt, dass die Luft, statt der Zerfliessbarkeit, die Eigenschaft besitzt, sich nach allen Richtungen hin auszudehnen. Alles daher, was hier vom Druck des Wassers auf das Wasser, und auf andere Körper innerhalb des Wassers gesagt worden, lässt sich auch, und zwar in gesteigertem Maasse, auf den Druck der Luft in Luft, und auf andere Körper innerhalb der Luft anwenden.

So lässt es sich denn namentlich nicht bestreiten, dass die wagerechten Luftschichten, vermöge ihrer Schwere, auf einander einen Druck ausüben, welcher Druck daher in der Tiefe zunimmt; so dass also die Erdoberfläche den Totaldruck von dem gesammten Gewicht der Atmosphäre zu erleiden hat. Das Gleichgewicht, in welchem sich die Lufttheilchen zu einander befinden, hebt nur die gegenseitige Wirkung der

Expansibilität auf, hat aber mit dem Druck, den die Schwere nach unten hervorbringt, nichts zu schaffen. Denkt man sich z. B. zwei metallene Druck- oder Springfedern, die so mit einander verbunden sind, dass sie sich gegenseitig das Gleichgewicht halten, d. h. dass sie sich nicht mehr zusammendrücken, aber auch nicht ausdehnen können; so wird dadurch das absolute Gewicht dieser Federn nicht im mindesten verringert, und wird der, welcher sie trägt, trotz ihres innern Gleichgewichts, die Summen des Drucks von ihren beiden Gewichten zu erleiden haben.

In diesem Druck der Atmosphäre hat man ja eben eine so überaus weise Einrichtung der Natur zu bewundern. Sie besteht darin, dass die Atmosphäre gerade soviel Schwere besitzt, als das Wasser erfordert, um bei einem geringen Grade der Wärme sich nicht in Dunst aufzulösen. Ohne solchen Druck würde diese Umbildung schon bei der Temperatur erfolgen, die zum Leben nöthig ist, und man würde das Wasser in seiner natürlichen liquiden Form gar nicht kennen.

Was jedoch den Einwand betrifft, den man gegen den Luftdruck geltend machen könnte, dass nämlich der menschliche Körper einen solchen Druck durchaus nicht empfinde, so lässt sich darauf erwidern: dass derselbe, ebenso wie beim Wasser, durch die Wölbung beseitigt wird, welche die Luft sofort annimmt, sobald irgend ein Körper, und also auch der menschliche, durch seine Anwesenheit in derselben den Lehrbogen dazu bildet. Ja, gerade die Luft ist es, welche sich durch ihre innere Spannung vorzugsweise dazu eignet, über jeden Körper eine gewölbte Decke auszuspannen, welche den Luftdruck von allen Richtungen her, abhält.

Der in die Höhe steigende Luftballon innerhalb der Atmosphäre könnte diese Bewegung nicht vollbringen, wenn die Theilchen der Atmosphäre nicht genau denselben Gesetzen gehorchten, wie es mit den Wasser-Elementen, beim Aufsteigen der Luftblasen, der Fall ist. Bei unbewegter Atmosphäre steigt der Luftballon nach verticaler Richtung in die Höhe. Dies geschieht jederzeit und unter allen Umständen, während jede Seitenbewegung des Ballons bei stiller Luft unmöglich ist und nur bei einer Strömung der Luft erfolgen kann. Diese kann nun alle mögliche Richtungen, nur nicht die verticale, annehmen. Das Steigen des Ballons hängt demnach allein von dem Druck eines Gegengewichts ab, welches gleichzeitig und ebenso vertical nach unten drücken muss, gleichwie das Steigen der einen Wagschale das gleichzeitige Sinken der andern voraussetzt, welches bei beiden nur durch die Schwere bewirkt werden kann. Oder mit andern Worten: **Das Steigen eines Körpers in der Luft bedingt ebenso den Kreislauf der Luft von oben nach unten, wie das Steigen der Luftblase im Wasser einen solchen Kreislauf des Wassers bedingt. Mithin ist die Existenz des Drucks und die Wölbungsfähigkeit der Luft in Luft ebenso bewiesen, wie beides vorher vom Wasser in Wasser dargethan worden.**

Im folgenden zweiten Abschnitt soll nun versucht werden, die einzelnen §§ der Eingangs erwähnten Schrift dergestalt in Betrachtung zu ziehen, dass die darin enthaltenen Einwürfe gegen den Luft- und Wasserdruck möglichst beseitigt werden.

Zweiter Abschnitt.

Einwürfe gegen den Luft- und Wasserdruck und deren Beseitigungen.

---

§. 1. Eine Kugel von gleicher specifischer Schwere mit Wasser, hat innerhalb des Wassers keine Neigung zum Sinken. Wasser in Wasser ist daher ohne Gewicht, und also auch ohne Druckkraft.

Beseitigung. Das Wasser besitzt ein doppeltes Bestreben, sich zu bewegen. Vermöge seiner Schwere, in der verticalen Richtung nach unten, und vermöge seiner Zerfliessbarkeit, in der Richtung nach allen Seiten hin. Das Sinken wird aufgehoben durch ein unbewegliches Unterlager, das Zerfliessen durch ein gleiches entgegengesetztes Streben der Zerfliessbarkeit. Bei Wasser in Wasser hält das Unterwasser das Sinken des Oberwassers ab, das Gleichgewicht aber, das Zerfliessen. Es ist klar, dass das Gleichgewicht zur Tragbarkeit des Unterwassers nichts beiträgt, und auch nichts dazu beizutragen braucht. Denn das Wasser, es mag im Gleichgewicht sein oder nicht, d. h. es mag ruhig oder bewegt sein, hat schon an und für sich die Fähigkeit zu tragen. Alles aber, was da trägt, wird von dem Getragenen gedrückt. — Das Oberwasser sinkt nicht, weil es von dem Unterwasser getragen wird, es übt also auch einen Druck auf dasselbe aus.

§. 2. Der in einer Flüssigkeit sich aufhebende Druck und Gegendruck ist als zwei sich aufhebende Kräfte anzuerkennen. Aufgehobene Kräfte aber sind

solche, die keine Wirkung hervorbringen können.
Wasser in Wasser kann daher nicht drücken. Nur
auf den Boden des Gefässes üben die aufgehobenen
Kräfte einen Totaldruck aus.

Beseitigung. Bei dieser Ideenfolge scheint zuvörderst ein Widerspruch in sich selbst obzuwalten.
Voraussetzung: Im Wasser ist Druck und Gegendruck
einander gleich und heben sich auf. Schlussfolge:
Mithin ist im Wasser weder Druck noch Gegendruck
vorhanden. — Hier ist also der Druck vernichtend
und vernichtet zu gleicher Zeit. Wie ist dies möglich? Ferner wird behauptet, dass eine Wasserkugel
im Wasser, obgleich ohne Gewicht und Druckkraft,
doch den Totaldruck des Wassers auf den Boden
des Gefässes vermehrt. — Wie kann die Wirkung
des Drückers ohne Druckkraft entstehen? — Der unzubestreitende mathematische Satz, dass zwei gleiche
gegen einander wirkende Kräfte sich aufheben, oder
$= 0$ werden, ist nicht so zu verstehen, dass sie sich
dergestalt gegenseitig vernichten, dass eine absolute
0 zum Vorschein komme, sondern immer nur beziehungsweise. So heben sich z. B. Schulden und Vermögen gegen einander auf, in Beziehung zu dem Vermögens-Zustande der Person, welche beides besitzt.
Desgleichen hebt sich Vorwärtsgehen und Rückwärtsgehen gegenseitig auf, in Beziehung zu der Entfernung vom Ausgangspunkte u. s. w. Etwas anderes kann
daher auch hier unter dem gegenseitigen Aufheben
des Drucks und Gegendrucks nicht verstanden werden. Nämlich: bei einer in Wasser eingetauchten
Wasserkugel hebt sich Druck und Gegendruck auf, in
Beziehung zu ihrer Bewegung, die sie nach keiner
Richtung hin vornehmen kann. Gewicht und Druckkraft behält sie aber vollständig bei, vermöge welcher Kraft sie auf das Unter- und Nebenwasser drückt,
und auch den Totaldruck auf den Boden vermehrt.

§. 3. Eine specifisch schwerere Kugel als Wasser verliert im Wasser soviel von ihrem Gewichte, als der Gegendruck beträgt. Mit diesem verlornen Gewicht drückt sie auf den Boden. Mit dem Ueberrest drückt sie auf das umgebende Wasser. Hieraus folgt, dass eine Wasserkugel, die im Wasser mit ihrem ganzen Gewicht auf den Boden drückt, wo also kein Restgewicht vorhanden ist, keinen Druck auf das umgebende Wasser ausüben könne.

Beseitigung. Hier könnte wieder vor allen Dingen gefragt werden, wie es möglich sei, dass der eingetauchte Körper mit dem verlornen Theile seines Gewichts den Boden drücke? Indessen stellt sich das Sachverhältniss überhaupt ganz anders heraus. Die Schwerkraft, die eine allgemeine Eigenschaft aller Körper ist, bewirkt Druck und Bewegung. Wird der Körper durch ein unbewegliches Unterlager getragen, so ist die Bewegung gleich 0, und Druck und Gegendruck am stärksten. Ist das Unterlager ebenso beweglich wie der Körper, so ist Druck und Gegendruck gleich 0, und die Geschwindigkeit der Bewegung am grössten. In allen Zwischenfällen findet Druck und Bewegung zugleich statt, und zwar ebenfalls in einem umgekehrten Verhältniss. Bei einer langsameren Beweglichkeit des Unterlagers ist ein grösserer Druck des Körpers, und umgekehrt, bei einer schnelleren Beweglichkeit des Unterlagers, ist ein stärkerer Druck des Körpers vorhanden. Um dies nun auf das Wasser anzuwenden, muss Folgendes vorausgesetzt werden. Ohne Widerstand ist ein Druck des Körpers nicht denkbar. Fällt der Körper in einem leeren Raum, so ist die Bewegung am stärksten, und der Druck gleich 0. Fällt er aber in der Luft, so erleidet seine Bewegung einen Widerstand, sie wird langsamer, und es entsteht ein Druck. Fällt er nun im Wasser, so erfährt er einen grössern Widerstand, seine Bewegung wird abermals langsamer und sein Druck nimmt zu. Je gewichtiger der Körper ist, je schneller sinkt er im Wasser, da das Wasser ihm weniger Widerstand leisten kann. Bei Abnahme des Widerstandes aber vermindert sich auch der Druck. Zu 0 kann derselbe jedoch niemals herabsinken. Denn wie erwähnt, tritt dieser Fall nur ein beim Fall der Körper im leeren Raum Ist endlich der Körper so schwer als Wasser, so wird die Bewegung gleich 0, da das Wasser ihm vollkommenen Widerstand leistet. Was aber den vollkommensten Widerstand leistet, und die Bewegung des drückenden Körpers gänzlich hindert, bringt auch den grösstmöglichsten Druck hervor. Der Körper von specifischem Gewicht des Wassers oder der Wasserkörper drückt also mit seinem ganzen Gewicht auf das Unterwasser.

Unter allen Umständen aber, der eingetauchte Körper mag schwerer, leichter oder ebenso leicht als Wasser sein, wird der Boden des Gefässes mit dem vollen Gewichte dieses Körpers gedrückt. Denn der Boden macht mit dem Unterwasser nur ein Unterlager aus; dieses so mit einander verbundene Unterlager kann als ein solches betrachtet werden, dessen Oberfläche aus einer sehr weichen und leicht nachgebenden Masse besteht. Wenn also der schwere Körper darin einsinkt, und während des Sinkens einen geringeren Druck äussert, so erleidet doch nichts desto weniger das Unterlager selbst den vollen Druck. Dies wird auch durch die Erfahrung vollkommen bestätigt. Hebt man nämlich einen Eimer Wasser, in welchen irgend ein Körper eingetaucht ist, so mag dieser von jeder beliebigen Beschaffenheit sein, er mag sich in Ruhe oder Bewegung befinden, immer wird man ausser dem Eimer und dem Wasser auch noch das volle Gewicht des Körpers zu tragen haben.

§. 4. Die gleichmässig belasteten Wagschalen drükken nicht nach unten. Jede derselben steigt vielmehr bei dem geringsten Druck, den man unterhalb anbringt, nach oben, ebenso wie dies der Fall mit einer Wasserkugel im Wasser ist. Versucht man aber beide Schalen zugleich zu heben, so wird man den beiderseitigen vollen Druck empfinden. Ist dagegen die Wage ungleich, etwa mit 10 und 8 Pfund, belastet, so wird die schwere Schale auf ein unbewegliches Unterlager nur mit $10 - 8 = 2$ Pfund drücken. Diese drei Fälle, wenn sie beim Wasser stattfinden, müssen demnach auch dieselben Erscheinungen darbieten: Ein Wasserkörper kann auf das Unterwasser gar nicht drücken, während er auf den Boden einen Druck ausübt, der seinem vollen Gewichte entspricht. Ein schwererer Körper als Wasser drückt nur mit seinem Ueberschusse auf das Wasser.

Beseitigung. Wenn man einen Vergleich zwischen dem Druck des Wassers in Wasser mit dem Drucke, der bei einer Wage obwaltet, anstellen will, so darf man nicht von einem Drucke auf ein festes Unterlager, sondern nur von dem Drucke sprechen, den die Gewichte auf die Schalen ausüben. Denn nur die Schalen können als das Unterlager für die Gewichte in Betrachtung gezogen werden, weil sie mit den Gewichten zugleich auf- und absteigen. Denn nur so stimmt der Druck bei der Wage genau mit dem Wasserdruck im Wasser überein. Auch hier steigt das Unterlager, nämlich das Unterwasser, mit dem Gewichte, nämlich dem eingetauchten Körper, zugleich auf und ab, und trennen sich so wenig von einander, wie sich jemals das Gewicht von der Schale trennt. Von diesem Gesichtspunkt ausgehend, stellt sich die Sache ganz anders. Ist die Wage im Gleichgewicht, so kann sie der geringste Druck in Bewegung setzen, nichts desto weniger drückt jedes Gewicht mit seiner vollen Schwere auf die Unterlager,

die Schalen. Dasselbe ist der Fall mit dem **Wasserkörper**; der leiseste Druck bewegt ihn, und dennoch
drückt er mit seinem vollen Gewicht auf sein Unterlager, das Unterwasser, welches ihn nicht einen Augenblick verlässt. Der Wagebalken hat den Totaldruck der Gewichte zu erleiden, so auch das Unterwasser, in Gemeinschaft mit dem Boden des Gefässes,
den Totaldruck des eingetauchten Körpers und des
ihn umgebenden Wassers. Bei ungleichen Gewichten
endlich, z. B. bei 10 und 8 Pfund, wird die eine
Schale mit 10, die andere mit 8, und der Wagebalken mit 18 Pfund gedrückt. Die schwerere Schale
aber sinkt mit einer Geschwindigkeit, die dem Ueberschuss von 2 Pfunden entspricht. Dieselben Erscheinungen nimmt man auch bei dem Wasser wahr. Ist
das specifische Gewicht des eingetauchten Körpers
um 2 Pfund schwerer als Wasser, so wird er dennoch
mit seinem ganzen absoluten Gewichte auf das Unterwasser, in Gemeinschaft mit dem Boden, drücken.
Dieses gemeinschaftliche Unterlager ferner wird die
Summe dieses absoluten Gewichtes und das des Wassers zu tragen haben. Endlich wird der Körper mit
einer dem Ueberschuss von 2 Pfund angemessenen
Geschwindigkeit sinken.

§. 5. Eine Kugel von specifischem Gewicht des
Wassers habe ein absolutes Gewicht von 6 Pfund.
Man tauche sie in ein Gefäss mit Wasser. Die Kugel wird nicht sinken. Aber den Druck auf den Boden des Gefässes wird sie, wenn beim Eintauchen
kein Wasser übergelaufen ist, um 6 Pfund vermehren.
Hält man innerhalb des Wassers die Hand unter die
Kugel hin, so wird diese nicht den mindesten Druck
auf die Hand äussern. Wenn die Kugel also nicht
auf die Hand drückt, so kann sie auch nicht auf das
Unterwasser drücken, oder Wasser in Wasser drückt
nicht.

Beseitigung. Die Erfahrung lehrt, dass wenn z. B. zwei Centner sich auf der Wage im Gleichgewicht halten, und man legt die Hand unter Eins der Gewichte, so dass sich dieselbe zwischen der Schale und dem Gewichte befindet, so wird sie den vollen Druck eines Centners empfinden. Denn da dieses Gewicht, durch die Hand, von seinem Unterlager, der Schale, getrennt ist, so hat es seine Unterstützung verloren, welche ihm jetzt allein nur von der Hand dargeboten wird. Obgleich nun daraus, dass eine unterstützte Hand, die den Druck eines Centners zu erleiden vermag, noch nicht gefolgert werden darf, dass dieselbe Hand im Freien, d. h. ununterstützt, den Centner auch tragen könne, indem eine grössere Kraft dazu gehört, das Gewicht eines Centners zu heben, als bei gehöriger Unterstützung blos seinen Druck zu erdulden; so wird doch hier, bei der Wage, wegen des Gleichgewichts, die so vom Centner gedrückte Hand fähig sein, dieses Gewicht mit leichter Mühe zu heben, so wie überhaupt die ganze Wage in Bewegung zu setzen. Ist aber die untere Fläche des Centner-Gewichtes so uneben, dass es, auf der Hand ruhend, mit seinen Kanten zugleich die Schale berührt, so wird die Hand von der Last wenig oder nichts empfinden, weil diese durch die Schale abgehalten wird, auf jene einen Eindruck hervorzubringen. Diese Erscheinung ergiebt sich nun beim Wasser in derselben Art. Die Hand, unter der erwähnten Kugel gehalten, empfindet keinen Druck, weil die ganze untere Halbkugel zugleich auf dem Wasser ruht. Dieses empfängt aber keinen Eindruck von dem Gewicht der Kugel, folglich kann auch die Hand keinen Eindruck erfahren, d. h. die Hand empfindet nichts vom Druck der Kugel, welcher allein auf das Wasser lastet. Belegt man dagegen die flache Hand mit einer hölzernen oder blechernen Tafel, die so gross ist, dass sie überall die Wandung des Gefässes berührt, und man bringt die Hand mit der Tafel innerhalb des Wassers unter die Kugel, so wird die Hand, obgleich sie mit der Rückseite auf dem Wasser ruht, allerdings einen Druck erleiden, der nicht nur dem ganzen absoluten Gewicht der Kugel, sondern auch dem des umgebenden Wassers entspricht, weil diese Tafel, durch die Hand vom Unterwasser getrennt, den Boden des obern Theils des Gefässes bildet, auf welchen, wie auf jeden andern Boden, das über ihm befindliche absolute Gewicht einen vollständigen Druck ausübt. Uebrigens wird die Hand, die hier auf dem nachgiebigen Wasser ruht, eine grössere Kraft dem Druck entgegensetzen müssen, als dies der Fall bei der Wage ist, wo die Hand von der festen Schale unterstützt wird. Dieser Versuch ist demnach wohl dazu geeignet, die Existenz des Wasserdrucks zu beweisen, nicht aber dieselbe zu widerlegen. Denn in dem Augenblick, wo die Tafel weggenommen wird, und das Oberwasser mit dem eingetauchten Körper wieder mit dem Unterwasser in Berührung tritt, wird die Hand unter dem Körper von jedem Druck befreit; wohin kann dieser Druck, der doch vorhanden ist, demnach anders seine Ableitung gefunden haben, als auf das Unterwasser?

§. 6. Ein Körper, er mag fest oder flüssig sein, kann nur auf einen darunter befindlichen Gegenstand drücken, wenn er sich in einem Medium befindet, das specifisch leichter ist, als er selbst. Ist das Gewicht des Mediums aber dem des drückenden Körpers gleich, so wird dieser, vermöge des Gleichgewichts, gleichsam getragen, und kann also keinen Druck auf das Unterlager ausüben. Ein Wasserkörper im Wasser ist von einem Medium umgeben, mit dem er im Gleichgewicht ist, und kann er demnach auch auf das Unterwasser nicht drücken.

Beseitigung. Es ist bereits oben (Seite 21) weitläuftig erörtert und bewiesen worden, dass die Wassertheilchen nicht fähig sind, sich, vermöge des Gleichgewichts, gegenseitig zu tragen, worauf hier nur zurückgewiesen werden kann. Trägt aber das Medium den Körper nicht, so muss er von einem soliden Unterlager getragen werden, auf welches er dann auch mit seinem Gewicht drückt. Das Medium ist demnach nicht von Einfluss auf den Druck, den der ruhende Körper unterwärts ausübt, wohl aber auf die Geschwindigkeit des bewegten. Je leichter das Medium ist, je schneller, je schwerer dasselbe ist, je langsamer bewegt sich der Körper auf und ab. Denn im erstern Falle wird der Bewegung ein geringerer, im zweiten ein grösserer Widerstand entgegengesetzt.

§. 7. Druck und Gegendruck bestehen zwar immerfort zwischen den Theilen einer Flüssigkeit, aber ihre Wirkungen, das Fallen und Steigen, sind gleich 0, weil sie sich gegenseitig aufheben. Oder mit andern Worten: Der Druck des Oberwassers auf das Unterwasser ist zwar vorhanden, seine Wirkung aber, das Drücken oder Fallen, ist gleich 0, weil sie von der Steigekraft aufgehoben wird.

Beseitigung. Was soll man sich unter einem Druck denken, der nicht drückt? Ein Druck, welcher keinen Eindruck bewirkt, d. h. keine Spuren des Drucks auf den gedrückten Flächen zurücklässt, ist zwar denkbar, aber ein Druck, dessen Wirkung ein absolutes Nichts ist, ist selbst ein absolutes Nichts, d. h. ein solcher Druck kann gar nicht existiren. Der Druck, der zwischen zweien Körpern stattfindet, ist das Bestreben derselben, gegenseitig in einander einzudringen. Weicht einer der Körper zurück, so hört diese Wirkung mehr oder weniger auf, je nachdem er mit einem grössern oder geringern Grade der Geschwindigkeit zurückweicht. Leisten aber beide Körper einen vollständigen Widerstand, d. h. ist **Druck und Gegendruck** einander gleich, und sind beide Körper von gleicher Dichtigkeit, so bringt das Bestreben, in einander einzudringen, unter allen Umständen einen gewissen Grad von Pressung hervor, und diese Pressung ist alsdann die Wirkung des Drucks und Gegendrucks. Die Wassertheilchen leisten sich einander vollständigen Widerstand, und sind zugleich auch von derselben Dichtigkeit, also muss auch ein Pressen entstehen, oder: die Wirkung des Druckes zwischen Wasser in Wasser kann nicht gleich 0 sein, sondern sie ist gleich der Wirkung, die jede Presse hervorbringt. — Uebrigens kann ein Körper, dessen Fallkraft durch eine gleiche Steigekraft aufgehoben ist, allerdings nicht mehr auf sein Unterlager drücken. Es kommt aber hierbei hauptsächlich darauf an, von wo diese Steigekraft herrührt. Erhält diese ihren Impuls von Aussen, so hebt sie freilich die Fallkraft und das Drücken auf das Unterlager zugleich auf. Hier im Wasser jedoch existirt überhaupt die Steigekraft nur so lange, als die sie erst erzeugende Fallkraft vorhanden ist. Fall- und Steigekraft verhalten sich also zu einander, wie Ursache und Wirkung. Wie sollte es also möglich sein, dass die Steigekraft als Wirkung die Fallkraft als Ursach aufheben könnte? Die Steigekraft hebt demnach von der Wirkung der Fallkraft nur den Theil auf, welcher das Sinken des Körpers veranlasst. Der andere Theil der Wirkung aber, das Drücken, muss fortbestehen.

§. 8. Je geringer das Gewicht eines Körpers ist, d. h. je weniger er wiegt, desto geringer ist dessen Druck auf sein Unterlager. Also kann ein Körper, der gar nichts wiegt, gar keinen Druck ausüben. Wiegt man nun einen Körper vom specifischen Gewicht des Wassers, er mag lang oder kurz sein, also tief hinab ins Wasser reichen, oder in der Nähe des

Wasserspiegels bleiben, im Wasser ab, so wird er doch immer gar nichts wiegen. Hieraus folgt, dass das Wasser in der Tiefe nicht an Druck zunehmen kann, weil es sonst im gleichen Verhältnisse auch mehr wiegen müsste.

Beseitigung. Denkt man sich das Wasser in wagerechte Schichten abgetheilt, so drückt jede Schicht auf die zunächst untere. Es ist also klar, ¦dass die tiefer liegenden Schichten einen vermehrten Druck zu erleiden haben, dass aber ein sehr langer, tief hinab reichender Wasser-Cylinder eben so wenig etwas wiegt, als ein ganz kurzer Cylinder in der Nähe des Wasserspiegels, lässt sich leicht erklären. Der Cylinder bleibt auf seiner ganzen Länge mit dem umgebenden Wasser im Gleichgewicht. Denn so wie der Cylinder an Druck zunimmt, nimmt das umgebende Wasser an Gegendruck zu. Nun wird der vermehrte verticale Druck nach unten, von dem Unterlager abgelastet oder getragen, und kann nichts wiegen. Aber auch der vermehrte Seitendruck, der nicht getragen wird, ist nicht wägbar. Hiervon kann man sich am leichtesten überzeugen, wenn man eine in Gleichgewicht gesetzte Wage so aufhängt, dass die sie haltende Schnur über eine Rolle geführt ist und von einem am Schnurende angebrachten Gewicht in Spannung erhalten wird. Dies Gewicht wird nicht grösser zu sein brauchen, als was das Gewicht der Wage mit ihrer Belastung, welches einen verticalen Druck nach unten ausübt, beträgt. Auf den Seitendruck, mit dem die Gewichte auf einander wirken, und welcher die Zunge in der lothrechten Richtung erhält, kommt es hierbei durchaus nicht an, dieser Druck mag von zwei Centner- oder zwei Lothgewichten herrühren. „Wiegen" heisst nichts anders, als untersuchen, wie gross das Gewicht eines Körpers, oder wie stark dessen verticaler Druck nach unten ist. Der Druck nach jeder andern Richtung wird durch die Wage nicht ermittelt. Wenn demnach die Wage den vermehrten Seitendruck der Zerfliessbarkeit des Wassers in der Tiefe so wenig wie in der Höhe angiebt, so ist er doch nicht minder in der That vorhanden und in Wirksamkeit.

§. 9 u. 20. Taucht man eine an beiden Enden offene Röhre lothrecht unter Wasser, und verschliesst man in dieser Stellung die untere Oeffnung mit der flachen Hand, so wird man keinen Druck von dem in der Röhre befindlichen Wasser empfinden; welcher Druck aber sogleich erfolgt, wenn man die gefüllte Röhre, ohne die Hand wegzunehmen, aus dem Wasser hebt, ein Druck, der dem Gewicht des Wassers in der Röhre gleich ist. Was nun von der Hand gilt, das gilt natürlich auch von dem Boden eines Gefässes. Nämlich bei einem mit Wasser angefüllten Gefässe in freier Luft wird der Boden mit der ganzen Wasserlast gedrückt. Wird aber dieses volle Gefäss bis unter den Wasserspiegel eingetaucht, so erleidet dessen Boden gar keinen Druck. Hieraus folgt, dass nur die durch Gefässe abgesonderten Wassermassen einen Bodendruck ausüben. Das Meer ist ebenfalls mit den Ufern und dem Grunde als eine durch ein grosses Gefäss abgesonderte Wassermasse zu betrachten, die von der gesammten Wasserlast gedrückt wird. Könnte man das Meer, mit Ufern und Grund, in ein anderes Meer tauchen, so würde sogleich der Druck auf den Grund aufhören. Dass also der Taucher, auf dem Grunde der Meeres, nichts von dem ungeheuren Wasserdruck empfindet, rührt von demselben Grunde her, weshalb die Hand den Druck des Wassers nicht fühlt, das in der eingetauchten, an beiden Enden offenen Röhre enthalten ist.

Beseitigung. Es kann hier nur wiederholt werden, was in dieser Beziehung bereits oben angeführt ist. Es ist nämlich durchaus unerklärlich, dass, während die vorletzte Wasserschicht gar keinen Druck auf die letzte ausübt, diese letzte Schicht doch mit der Summe der Gewichte aller Schichten auf den Boden drücken soll. Der Versuch mit der eingetauchten offenen Röhre, deren Wasser die Hand nicht drückt, reicht bei weitem nicht hin, das Unbegreifliche, was darin liegt, dass der Mensch, der auf dem so stark gedrückten Meeresgrunde steht, von diesem Drucke nichts empfindet. Die Erfahrung lehrt, wie misslich es mit dergleichen Versuchen ist, die in so winziger Form wie hier, durch das Verschliessen einer engen Röhre mit der flachen Hand, oder wohl gar nur mit einem Finger, angestellt werden, und wobei man sich lediglich auf die Empfindung verlassen muss, welche man von der Wirkung eines geringfügigen Druckes wahrzunehmen glaubt. Ueberhaupt ist jeder Schluss, den man in der Natur von den Erscheinungen im Kleinen auf die im Grossen macht, mindestens ein gewagter. Den Beleg hierzu liefert unter andern gegenwärtiger Streitpunkt. Auf den Versuch gestützt, den man mit einer von beiden Seiten offenen Röhre angestellt, indem man sie unter Wasser tauchte, und nun die untere Mündung mit der flachen Hand verschloss, wobei sich ergeben haben soll, dass die Hand von dem Wasser in der Röhre nicht gedrückt worden, will man ohne weiteres den Schluss formiren, dass wenn man das ganze Weltmeer in ein anderes Meer untertauchte, ersteres ebenfalls seinen Grund nicht drücken würde. Hätte man jedoch diesen Versuch nur nach einem etwas grösseren Maassstabe angestellt, so würde man sich leicht vom Gegentheile überzeugt, und also den Umstand, dass die flache Hand den Druck des Wassers in der Röhre nicht empfand, nothgezwungen für nichts weiter als für eine Täuschung erklärt haben. Einen solchen Versuch im Grossen konnte man z. B. sehr einfach an jedem beliebigen leeren Kahn bewerkstelligen. Wird nämlich derselbe nach und nach mit Wasser beschwert, so senkt er sich so lange, bis endlich sein Gewicht dermaassen zugenommen, dass es das Gewicht eines Wasserkörpers von gleicher Form und Grösse mit dem Kahne überwiegt. wo alsdann derselbe untergehen muss. Von dieser Thatsache hat man Gelegenheit genug, sich täglich zu überzeugen. Wenn also das Wasser im Schiff keinen Druck auf dessen Boden ausübte, wie konnte es dann das Schiff zum Sinken bringen? Hierbei braucht nicht etwa die Standhöhe des Wassers im Schiff über dem äusseren Wasserspiegel hervorzuragen, sondern diese Höhe kann sogar niedriger, als der Spiegel sein, und das Sinken, also auch das Drücken auf den Boden des Schiffes, wird dennoch erfolgen. Hiernach ist also unbestreitbar erwiesen, dass das in einem Gefässe eingeschlossene Wasser im Wasser, in jeder beliebigen Tiefe, eben so gut, wie wenn dieses Gefäss von der Luft umgeben wäre, einen Druck auf den Boden ausübt. Uebrigens geht es auch schon aus dem, was (Seite 38) über das Drücken eines Wasserkörpers auf einen Gegenstand im Wasser gesagt ist, hervor, dass der Versuch mit den offenen Röhren im Wasser schlechterdings einen Druck des Wassers auf die Hand zur Folge haben; weil nämlich in diesem Falle das Wasser in der Röhre gänzlich von seinem Unterlager getrennt ist, und die untergehaltene Hand allein dasselbe vertritt. Ferner ist der hier aufgestellte Vergleich mit der Wage, bei welcher die in Gleichgewicht gesetzten 70000 Pfund nicht auf einen darunter gehaltenen Gegenstand drücken, am angeführten Orte gehörig gewürdigt worden, und braucht daher hier nicht weiter erwähnt zu werden. Dasselbe gilt von dem Taucher auf dem Meeresgrunde, der den Wasserdruck nicht empfindet, weil das Wasser sich über ihm zu einem Gewölbe ausspannt, wie dieses ebenfalls oben (S. 23) weitläuftig dargethan wurde, und deshalb hier nur darauf hingewiesen zu werden braucht.

§. 10, 11 u. 23. Der Druck des Wassers auf einen leichtern untergetauchten Körper ist nur so gross, als eine gleiche Menge von Wasser schwer ist. Kehrt man aber ein oben offenes Gefäss um, und taucht es so lothrecht unter Wasser, so wird das eindringende Wasser die eingeschlossene Luft bis auf ein gewisses Volumen zusammen drücken. Dieses Volumen wird sich nicht verringern beim tiefern Eintauchen des Gefässes, welches beweiset, dass auch auf leichtere Körper als Wasser der Wasserdruck in der Tiefe sich nicht vermehrt. Die neuere Physik giebt nun den zuerst angeführten Satz vom Druck des Wassers auf einen leichtern Körper im Wasser zu. Hiernach ist das Uebergewicht des Wassers gegen den leichtern Körper festgesetzt. Zugleich wird aber auch darin behauptet, dass die Grösse des Wasserdrucks auf diesen leichtern Körper zunimmt, je tiefer er untergetaucht wird. Wenn aber einmal die Grösse des Wasserdrucks ganz im Allgemeinen, ohne Rücksicht auf die Tiefe des eingetauchten leichtern Körpers, und dann wieder von dieser Tiefe abhängig gemacht wird; so ist dieses offenbar ein Widerspruch.

Beseitigung. Wenn behauptet wird, dass der Druck des Wassers auf einen untergetauchten leichtern Körper nur so gross, als eine gleiche Menge von Wasser schwer ist, so soll hierdurch selbst redend nur das Verhältniss vom Druck des Wassers auf einen leichteren Körper, keinesweges aber die ein für allemal bestimmte Grösse dieses Drucks angegeben werden. Eine solche absolut bestimmte Grösse lässt sich aber auch gar nicht angeben, indem, eben weil sie sehr veränderlich ist, und jederzeit nach der Tiefe sich richtet, in welche der Körper eingetaucht ist. Bei einer grössern Tiefe erleidet er einen grössern, bei einer kleinern einen geringern Druck. Aber das steht für immer fest, dass dieser Druck stets so gross ist, als das Uebergewicht des aus der Stelle verdrängten Wassers beträgt, der gedrückte Körper mag sich in dieser oder jener Tiefe befinden.

§. 12 u. 13. Das Wasser, welches den leichteren, eingetauchten Körper in die Höhe treibt, wirkt nur auf dessen Unterfläche. Wenn also der Wasserdruck in der Tiefe zunimmt, so müsste eine sehr lange Röhre endlich, wenn sie das specifische Gewicht des Wassers hat, und bis zum Wasserspiegel eingetaucht wird, durch den vermehrten Druck auf ihre Grundfläche, nach oben getrieben werden, weil der Gegendruck dieses festen Cylinders, oder seine Fallkraft, nach seiner ganzen Länge dieselbe bleibt. Dieses geschieht aber nicht, folglich kann der vermehrte Wasserdruck in der Tiefe nicht stattfinden.

Beseitigung. Wenn der lange feste Cylinder eine wagerechte Lage hat, so ist allerdings seine Fallkraft in allen Punkten seiner Länge dieselbe. Wird ihm aber, wie hier, eine lothrechte Stellung gegeben, so nimmt seine Fallkraft oder sein Drücken mit seiner Länge zu. Denn auch diesen Cylinder kann man sich wie einen flüssigen Körper in wagerechte Schichten von oben nach unten getheilt denken, die auf einander drücken. Da nun derselbe, nach der Voraussetzung, von der specifischen Schwere des Wassers ist, so ist auch hier in der Tiefe Druck und Gegendruck einander gleich, und kann daher der Cylinder nicht in die Höhe getrieben werden.

Anmerkung. Die §§. 14 — 17. enthalten folgende Sätze. Die Luft in Luft besitzt weder ein Vermögen zum Steigen noch zum Sinken. Die Luft ist nicht fähig, sich von selbst zu verdichten, sondern dieser Zustand kann nur durch eine äussere Kraft bewirkt werden. Eine Luftsäule ist in Luft ebenso ohne Gewicht und Druckkraft, wie eine Wassersäule im Wasser. Der Druck auf specifisch leichtere Körper ist nicht grösser, als eine gleiche Menge von Luft schwerer ist. Diese Sätze, mit Ausnahme des Satzes in §. 16., dass nämlich Luft in Luft keine Druckkraft besitze, stimmen mit der neuern Physik überein, und bedürfen keiner Beseitigung. Was aber den §. 16. betrifft, so kann seine Widerlegung ebenso erfolgen, wie dies beim Wasserdruck im Wasser geschehen ist. Sie brauchen also hier überall weiter nicht erwähnt zu werden.

§. 18. Die uns umgebende ruhige atmosphärische Luft befindet sich in ihrem Normalzustande und ist unverdichtet. Haucht man in ein mit unverdichteter Luft gefülltes, verschlossenes Gefäss, durch eine Oeffnung desselben, einen Athemzug hinein, so wird kein Gegendruck fühlbar sein. Verbindet man desgleichen dieses Gefäss mit einer Compressionspumpe, so wird der erste Kolbestoss ebenfalls nicht den geringsten Widerstand zu überwinden haben. Hieraus folgt, dass unverdichtete Luft keine Expansiv-Kraft besitzt, also keinen Gegendruck zu äussern vermag.

Beseitigung. Das charakteristische Kennzeichen einer Flüssigkeit, zu welchem Aggregats-Zustand auch die Luft gehört (Seite 8), ist, dass sie von selbst keine Form annehmen kann, sondern sich stets, wie das Wasser, der Form der Begrenzung anschmiegt, in welcher sie eingeschlossen ist. Dieses kommt aber, so wie bei dem Wasser, von der Zerfliessbarkeit, bei der Luft von der Expansibilität her. Besässe also die atmosphärische Luft in ihrem unverdichteten Zustande diese Eigenschaft nicht, so könnte man ihr auch eine selbstständige beliebige Form geben, welches jedoch, wie bekannt, rein unmöglich ist. — Wenn aber der eingehauchte Athemzug keinen Widerstand findet, so ist dieses bei der grossen Beweglichkeit der Luft, und bei dem geringen Luftzufluss eines einzigen Athemzuges, welcher Zufluss sich sogleich in die ganze Luftmasse vertheilt, nur scheinbar, indem der wirklich stattfindende Widerstand nur nicht zu bemerken ist.

§. 19. Wasser in Wasser befindet sich im Gleichgewicht und kann nicht sinken. Was aber nicht sinken kann, hat kein Gewicht und kann keinen Druck ausüben. Deshalb empfindet der Taucher auf dem Meeresgrunde von der grossen Wasserlast über sich keinen Druck.

Beseitigung. Der Schluss ist nicht richtig. Es muss vielmehr gerade umgekehrt geschlossen werden. Eben weil der schwere Wasserkörper im Wasser seinem Gewichte nicht Folge leisten und sinken kann, so muss er durch einen Widerstand in entgegengesetzter Richtung daran verhindert werden. Ein Körper aber, der vorwärts will, und ein anderer, der ihn daran verhindert, üben gegenseitig einen Druck auf einander aus. Würde ein Wasserkörper im Wasser sinken, d. h. würde das Unterwasser so schnell ausweichen, dass der Körper ungehindert, wie in freier Luft, zu Boden fallen könnte, dann wäre man zu behaupten berechtigt, dass er auf das Wasser keinen Druck ausübe. Das Wasser weicht jedoch ganz und gar nicht aus, leistet vielmehr den gehörigen Gegendruck; wo aber Gegendruck ist, muss auch Druck vorhanden sein, wie dies z. B. durch den Druck der Gewichte auf die im Gleichgewicht befindlichen Wagschalen bestätigt wird. Der Taucher auf dem Meeresgrunde empfindet von dem Wasserdrucke nichts, wegen des Gewölbes, das sich über ihm ausspannt, wie dies schon oben hinlänglich erörtert worden ist.

§. 21. Ein Wasserkörper im Wasser ist mit seinem Medium im Gleichgewicht (§. 6) und kann daher auf das Unterwasser nicht drücken. Bringt man demnach z. B. auf dem Boden eines Gefässes eine Spiralfeder an, und füllt das Gefäss mit Wasser, so wird zwar der Boden den ganzen Wasserdruck zu erleiden haben, weil dieses gesammte Wasser von der Wandung des Gefässes nicht getragen werden kann; dagegen wird die Feder, oder der Taucher auf dem Meeresgrunde, von der obern Wassersäule nicht zusammen gedrückt, weil diese Säule überall von dem sie tragenden Seitenwasser umgeben ist.

Beseitigung. Dieses hier gewählte Beispiel bestätigt gerade die Lehre der neuern Physik. Das Gesammtwasser drückt auf den Boden des Gefässes, weil dieses Wasser von der Wandung nicht getragen werden kann. Nun ist jede einzelne Wasserschicht ebenfalls von der Wandung des Gefässes umgeben, von der sie nicht getragen wird, alle Wasserschichten müssen also auf die unteren Schichten eben so gut einen Druck ausüben, wie die Summe aller dieser Schichten auf den Boden drückt. Dass aber die Feder nicht zusammengedrückt wird, rührt daher, weil das die einzelnen Federwindungen umwölbende Wasser das Gewicht ablastet; aber auch selbst abgesehen von dieser Wölbung, so müsste die Wassersäule, wenn sie die Feder zusammen drücken sollte, dieselbe zu einer Bewegung, zu einem Sinken veranlassen. Dieses kann der Wasserdruck aber nur auf einen specifisch leichtern Körper, und nicht auf eine metallische Feder bewirken, die specifisch schwerer als Wasser ist

§. 22. Ein Körper von specifischem Gewicht des Wassers wiege z. B. 110 Pfund. Taucht man denselben in Wasser, so wird er überall dem umgebenden Wasser das Gleichgewicht halten. Der Druck auf den Boden des Gefässes wird hierdurch um 110 Pf. vermehrt. Drückte also dieser Körper, ausser auf den Boden, auch noch mit seinem absoluten Gewichte von 110 Pf. auf das Wasser, so wäre das so gut, als wenn er 220 Pf. wiegen möchte, welches ungereimt ist. Ferner drückt der Körper in der Luft mit 110 Pf. auf sein Unterlager. Er kann also unmöglich auch im Wasser das Wasser mit 110 Pf. drücken.

Beseitigung. Dass das einfache absolute Gewicht von 110 Pf. hinreicht, sowohl auf das Wasser, wie auf den Boden einen Druck von 110 Pf. auszuüben, wird sogleich klar, wenn man erwägt, dass nur das Wasser unmittelbar, der Boden aber mittelbar diesen Druck erleidet, und zwar erst durch die **Fortpflanzung.** Der Körper drückt auf die erste Wasserschicht, diese auf die zweite, u. s. w. bis auf den Boden. Bei einer mit zwei Pfundstücken beschwerten, im Gleichgewicht befindlichen Wage, werden die Schalen sowohl als auch der Wagbalken mit 2 Pf. gedrückt. Dies macht also zusammen 4 Pf. Druck aus, und doch sind hier nicht mehr als 2 Pf. in Thätigkeit. Aber auch hier sind es nur die Schalen, welche einen unmittelbaren Druck von 2 Pf. erhalten. Das Ungereimte würde sich nur dann wirklich herausstellen, wenn behauptet worden wäre, dass sowohl das Wasser als der Boden von dem absoluten Gewicht des eingetauchten Körpers unmittelbar gedrückt werden. Um aber die Möglichkeit einzusehen, dass ein Körper im Wasser so stark drücke, wie in der Luft, braucht man wieder nur zu bedenken, dass der Unterschied zwischen der Wirkung der Schwerkraft in der Luft und der im Wasser nicht in der grössern oder geringern Stärke des Drucks, sondern nur allein in der grössern oder geringern Geschwindigkeit besteht, mit welcher der schwere Körper zu Boden sinkt. Druck, den ein Wasserkörper auf sein Unterlager ausübt, ist in der Luft und im Wasser völlig gleich. Gesetzt, man habe eine Wage, deren beide Schalen das specifische Gewicht des Wassers haben, und die in der Luft durch zwei gleich grosse Wassergewichte in Gleichgewicht gesetzt ist. Taucht man in diesem Zustande des Gleichgewichts eine dieser Schalen in's Wasser, so wird sogleich die andere Schale in der Luft sinken. Taucht man aber beide Schalen zugleich in's Wasser, so wird das Gleichgewicht sofort wieder hergestellt sein. Ebenso kann man mit jeder andern Wage und jeden beliebigen Gewichten, wenn sie auch nicht von dem specifischen Gewicht des Wassers sind, das Geschäft des Abwiegens, so gut im Wasser wie in der Luft unternehmen. Es wird nicht der geringste Unterschied dabei obwalten. Hieraus geht hervor, dass der Druck der Gewichte auf die Schalen im Wasser genau so gross ist, wie auf die Schalen in der Luft, und also der Wasserkörper auch das Wasser ebenso stark drückt, als derselbe Körper auf eine Schale von dem specifischen Gewicht des Wassers, oder auch auf jede andere Schale in freier Luft.

§. 24. Da die Luft sich, wegen ihrer Elasticität, niemals in einem Medium befinden kann, das leichter ist als sie selbst, so kann auch Luft in Luft keinen Druck ausüben. Ferner umgiebt die Atmosphäre ununterbrochen die ganze Erde. Jeder Theil der Luft, als Körper betrachtet, befindet sich also ohne Ausnahme immer in einem Luft Medium, und kann daher nicht nur Luft in Luft, sondern es kann auch die ganze Atmosphäre auf die Erdoberfläche keinen Druck ausüben.

Beseitigung. Die Luft besitzt Schwerkraft. Dies beweist die Thatsache, dass es Gase giebt, die in der Luft in die Höhe steigen, und also leichter als die Atmosphäre sind. Wenn also von leichtern und schwerern Luftarten die Rede sein kann, so lässt sich nicht leugnen, dass alle Luftarten überhaupt schwer sein müssen. Die Schwere erzeugt ein Bestreben der Körper zur Bewegung in verticaler Richtung nach unten. An dieser Bewegung kann der schwere Körper nur durch einen verticalen Gegendruck gehindert werden. Wo aber Gegendruck ist, muss auch Druck vorhanden sein. Druck und Gegendruck bedingen sich im Falle des Gleichgewichts gegenseitig. Die wagerechten Seitenspannungen können diesen Druck nach unten nicht ablasten, die Spannung müsste denn in der Form eines Gewölbbogens erfolgen; hierzu gehört aber jedesmal ein Lehrbogen, über welchen sich die Wölbung formiren kann, der aber in der Luft nicht eher existirt, als bis man irgend einen Körper hinein gebracht. Dasselbe gilt nun auch von dem Druck der Atmosphäre auf die ganze Erdoberfläche. Denn wenn man auch hierbei geltend machen wollte, dass die ganze Atmosphäre als ein vollständiges Kugelgewölbe zu betrachten sei, welchem die Erdkugel als ein sehr passendes Lehrgerüst diene und also diese Gewölbspannung den Druck der Luft auf die Erdoberfläche ablaste; so ist nicht ausser Acht zu lassen, dass diese Annahme eine gleichmässige Spannung der Lufttheilchen über der ganzen Erde voraussetze, welches sich jedoch zu keiner Zeit in der Atmosphäre ereignen kann. Denn schon der Umstand allein, dass, während auf der einen Hemisphäre Sommer und die Luft sehr verdünnt ist, die andere Hemisphäre Winter hat, welche Jahreszeit eine ungleich dichtere Luft bedingt, lässt eine solche gleichmässige, gewölbartige Spannung nicht zu, anderer Störungen dieses Gleichgewichts nicht einmal zu gedenken. Anders ist es bei kleinern Luftparthieen, die sich nur über kurze Erdlängen erstrecken, wo dergleichen Spannungen über in der Luft befindliche Körper, und von ihnen einen Druck ablastend, allerdings existiren.

Es steht demnach dem Druck der Luft, sowohl von einzelnen Parthieen, als von der ganzen Atmosphäre nichts entgegen. Uebrigens ist der Gegenstand bereits oben (Seite 29) hinlänglich erörtert worden, worauf hier lediglich Bezug genommen wird.

§. 25. Es sei eine gerade und gehörig weite Barometerröhre, die ganz mit Quecksilber gefüllt ist, unten ungefähr 2 Zoll in ein mit Quecksilber versehenes Gefäss eingetaucht, ohne jedoch den Boden des Gefässes zu berühren. Diese Röhre hänge oben an einer Schnur, die über eine Rolle geführt, ein Gewicht trägt, welches die Röhre schwebend erhält. Dieselbe wiege leer 1 Pfund, und das Quecksilber darin etwa 24 Pf. Sollte nun wirklich, wie in der neuern Physik behauptet wird, die Quecksilbersäule in der Röhre von dem Quecksilber im Gefässe getragen werden, so muss auch die Röhre nothwendig von aller Last befreit sein, und kann daher nicht mehr als 1 Pfund, nämlich soviel sie ohne Quecksilber schwer ist, wiegen. Das Gewicht, an welchem sie hängt, brauchte also nicht mehr als 1 Pf. schwer zu sein. Nun lehrt aber die Erfahrung, dass die Röhre bei 1 Pf. nicht schwebend erhalten werden kann, sondern bis auf den Boden des Gefässes, woselbst sie erst die erforderliche Unterstützung findet, hinabsinkt. Dies ereignet sich auch noch bei einem 10 und 20 Pf. schweren Gewichte, und nur erst bei 25 Pf. ist das Gleichgewicht hergestellt. Sollte ferner das Quecksilber im Gefäss die Säule tragen, so müsste dadurch das Gefäss um 24 Pf. schwerer geworden sein, dieses ist aber ebenso wenig der Fall. Das Gefäss bleibt nach wie vor gleich schwer. Endlich kann auch der Druck der Atmosphäre auf die Röhre den Druck von 24 Pf. nicht bewirken, weil, wenn man statt mit Quecksilber, Gefäss und Röhre mit Wasser füllt, die Röhre schon mit einem Gewicht von $1^5/_7$ Pfund schwebend erhalten wird, welches nicht sein könnte, wenn die **Atmosphäre** mit 24 Pf. darauf drückte. Die Quecksilbersäule kann daher von dem Gefäss-Quecksilber nicht getragen werden, und muss dieser Erscheinung eine andere Ursache zu Grunde liegen.

Beseitigung. Dass das 25-Pfund-Gewicht nicht deshalb erforderlich sein kann, um dem **Druck der Atmosphäre** auf die Röhre das Gleichgewicht zu halten, hat freilich ganz seine Richtigkeit; allein nichts desto weniger wird das Quecksilber in der Röhre vom Druck der Atmosphäre auf das Quecksilber im Gefäss erhalten. Indessen kommt es hier darauf an, dass man das eigenthümlich obwaltende Sachverhältniss richtig ins Auge fasse. Es ist bereits oben (S. 21) angeführt worden, dass es zwei Arten von Gleichgewicht gebe: entweder durch gleichen **Druck und Gegendruck** in **entgegengesetzten** verticalen Richtungen, oder durch gleichen Druck und Gegendruck in **einerlei** verticalen Richtungen. Diese letztere Art von Gleichgewicht findet bei allen Arten von Flüssigkeiten, und also auch beim Quecksilber, Statt. Zwischen beiden Arten waltet aber ein bedeutender Unterschied ob. Während beim Druck nach entgegengesetzten Richtungen beide Kräfte unmittelbar auf einander wirken, geschieht dieses beim Druck in einerlei Richtungen erst vermittelst eines Seitendrucks. Das Quecksilber in der Röhre drückt, seiner Schwere entsprechend, mit 24 Pf. vertical auf das Gefäss-Quecksilber, welches seinerseits diesem 24pfündigen Druck Widerstand zu leisten, d. h. ihn förmlich zu tragen und abzulasten, nicht vermögend ist, und also durch eine andere äussere Kraft getragen werden muss. **Der Druck des Röhr-Quecksilbers** wirkt aber auch zugleich auf dessen Zerfliessbarkeit und bringt einen **wagerechten Seitendruck** nach allen Richtungen hervor, welcher an Stärke dem Verticaldruck von 24 Pf. entspricht.

Innerhalb der **Röhre** leistet deren **Wandung** diesem **Seitendruck** den nöthigen Widerstand. Bei ihrer **Ausmündung aber hat dieser Druck das Bestreben**, sich dadurch geltend zu machen, dass er die **Quecksilbertheilchen des Gefässes**, die dem Quecksilber in der Röhre den lothrechten Ausfluss versperren, so wegzudrängen, dass dieser Ausfluss seitwärts erfolge. Diesem **Ausfluss** nun widersetzt sich die Luftsäule in der Atmosphäre, indem sie mittelst eines Verticaldrucks von 24 Pf. auf das Quecksilber im Gefäss einen gleich starken Seitendruck in entgegengesetzter Richtung veranlasst. Dadurch wird also nur dem Auslaufen des Quecksilbers aus der **Röhre**, nach den **Seitenrichtungen** hin, nicht aber dessen **verticalem Druck nach unten** widerstanden. Gesetzt, diese Barometerröhre wäre an ihrem untern Ende unter einem rechten Winkel so umgebogen, dass sich ihre Ausmündung seitwärts befände. Trägt man eine solche Röhre in der rechten Hand, während man mit einem Finger der linken Hand die Ausmündung verschliesst, so wird das Quecksilber nicht auslaufen, es wird aber deshalb von diesem Finger nicht getragen werden, sondern es wird die rechte Hand allein die ganze Last von 25 Pf, zu tragen haben. Hiernach erklären sich die hier vorkommenden Erscheinungen vollkommen. **Die 25 Pf. Röhr- und Quecksilber-Gewicht** sinken im **Quecksilber des Gefässes zu Boden**, wie jeder andere feste Cylinder von dieser Schwere es thun würde, sobald sein hervorragender Theil wie hier von allen Seiten mit Luft umgeben ist, und durch Nichts vom Sinken abgehalten wird. **Das Quecksilber kann aber nicht aus der Röhre fliessen**, weil es den Seitendruck, welcher dem Gewicht der Atmosphäre entspricht, nicht überwinden kann, da es über sich keinen solchen Luftdruck besitzt. Ist die Röhre mit **Wasser** statt mit Quecksilber gefüllt, so kann sie nur mit der

Schwere des Wassers zu Boden sinken, während das Auslaufen des Wassers auf dieselbe Weise wie bei dem Quecksilber verhindert wird.

§. 26. Eine Barometerröhre, welche z. B. 1000 Pf. Quecksilber fassen kann, und mit einem sehr weiten Gefässe versehen ist, fülle man durch die Oeffnung des Gefässes mit Quecksilber, verschliesse die Oeffnung und richte das Barometer auf, so wird die Luft im Gefässe nur in einem sehr geringen Grade zusammen gedrückt werden. Es ereignet sich also hier das Wunder, dass eine fast ganz unverdichtete Luft eine 1000pfündige Last vom Sinken abzuhalten vermag. Oeffnet man die Mündung des Gefässes, so wird die eingeschlossene, fast unverdichtete Luft die äussere atmosphärische Luftsäule wegblasen, und dennoch wird behauptet, dass diese weggeblasene Luftsäule die 1000 Pf. schwere Quecksilbersäule trage! Wird das Quecksilber in der Röhre von der Atmosphäre getragen, so bietet sich uns das merkwürdige Schauspiel dar, wo Quecksilber auf Luft, die schwerere Flüssigkeit auf der 11000 Mal leichtern, schwimmt. Dies präsentirt sich besonders grell bei dem conischen Barometer des Amontons, wo die Atmosphäre mit dem Quecksilber in der Röhre in unmittelbarer Berührung steht. Das Stehenbleiben der Quecksilbersäule kann demnach auf keine Weise durch den Druck der Atmosphäre erklärt werden.

Beseitigung. Beherzigt man die Ansicht im vorhergehenden §., so fallen alle hier geäusserten Bedenklichkeiten von selbst weg. Die Quecksilbersäule wird keinesweges von der Luftsäule der Atmosphäre getragen, sondern diese verhindert nur den Ausfluss des Quecksilbers durch die Röhrmündung nach den Seiten hin. Da also das Quecksilber nicht von der Luft getragen wird, so kann auch nicht die Rede von einem Schwimmen des schwereren Körpers auf oder in einem leichtern Körper sein; nur der Einwand, dass die schwere Atmosphäre, welche dem Seitenausfluss der Quecksilbersäule von 1000 Pf. Widerstand leistet, doch nicht im Stande ist, dem Ausströmen der fast gar nicht verdichteten Luft im Quecksilbergefäss zu widerstehen, und sich vielmehr von dieser ohne weiteres wegblasen lässt, verdient einer nähern Beleuchtung. So wenig auch die Luft im Gefässe verdichtet sein mag, so besitzt sie doch jedenfalls einen grössern Grad der Dichtigkeit, als die atmosphärische Luft. Begiebt sich aber eine dichtere in eine lockere Luft, so braucht jene nicht diese aus ihrer Stelle zu vertreiben, sondern es erfolgt eine Vereinigung beider Luftarten, indem Eine die Andere völlig in sich aufnimmt. Diese Vereinbarung der Luft kann durch den Luftdruck vermöge der Schwere durchaus nicht verhindert werden. In die vorhandenen Poren der lockeren Luft, welche durch die Expansivkraft offen erhalten werden, dringt die dichtere Luft ein, welche sich so sehr in's unermessliche verbreitet, dass eine solche Verdichtung kaum bemerkbar wird. Hier findet also, wie gesagt, ein „Wegblasen", d. h. ein Verdrängen der Luft aus ihrer Stelle, gar nicht Statt. Wenn dagegen das Quecksilber in der Röhre seitwärts ausströmen soll, so muss ihm zuvor die atmosphärische Luft den erforderlichen Raum dazu einräumen, sie muss erst aus ihrer Stelle durch das Quecksilber weg gedrängt werden, dem aber der verticale Luftdruck nach unten Widerstand leistet.

§. 27. Es ist ein allbekanntes Experiment, dass wenn man einen hölzernen Becher mit dickem Boden in die Oeffnung eines Recipienten, die oberhalb angebracht ist, festkittet, etwas Wasser in den Becher giesst, und den Recipienten evaquirt, das Wasser durch den Boden, in Gestalt eines feinen Regens, herabfliesst. Man erklärt diese Erscheinung in der Art, dass die verdünnte Luft unter dem Boden dem Druck der Atmosphäre auf das Wasser nicht den gehörigen Widerstand entgegensetzen kann. Dieser Druck soll nämlich nicht weniger als 2240 Pf. auf 1 Q.-Fuss Fläche betragen. Denkt man sich indessen einen Becher von nur $\frac{1}{4}$ Q.-Zoll Bodenraum, so beträgt der Luftdruck auf das Wasser darin nur $3\frac{8}{9}$ Pf. Wie ist es also denkbar, dass ein so geringfügiger Druck die Kraft haben solle, das Wasser durch die Pores des dicken Bodens zu treiben? — Versieht man ferner den Becher mit einem Deckel, von welchem er luftdicht verschlossen werden kann, und giebt man ihm nunmehr eine Grösse von bedeutenderm Umfang; so wird, wenn man den Raum über dem Wasser mit Wasserstoffgas ausfüllt, etwa in dem Verhältniss des Wassers zur Luft, wie 1 zu 12, offenbar kein Druck der Atmosphäre vorhanden sein, da das leichtere Gas nicht als ein abgesonderter Theil der atmosphärischen Luftsäule betrachtet werden kann. Dennoch fliesst das Wasser durch den Boden, wenn die Luft im Recipienten stark verdünnt ist. Es ist daher unzweifelhaft, dass die Ursache dieser Erscheinung nicht der Druck der Atmosphäre sei.

Beseitigung. Zuvörderst will es nicht recht einleuchten, warum der erste Theil dieses Einwurfs gegen den Luftdruck nicht geradezu auf den Druck von 2240 Pf. gerichtet ist? Ist es nicht befremdend, dass 2240 Pf. einen Q.-Fuss Wasser durch den Boden treibt, so kann es eben so wenig auffallen, dass $3\frac{8}{9}$ Pfund eine solche Erscheinung veranlasst. Das Verhältniss von der Grösse des Drucks zu dem Umfang der gedrückten Wasserfläche ist ja immer genau dasselbe. Ist Eins nicht denkbar, so ist es das Andere auch nicht. Uebrigens ist es ja nicht der Druck der Atmosphäre allein, welcher den Durchfluss bewirkt, sondern es kommt hier auch noch der Umstand hinzu, dass durch die Verdünnung der Luft im Recipienten zugleich auch die Pores des hölzernen Bodens luftleer gemacht werden, und so der Durchgang des Wassers sehr befördert wird. In Hinsicht des Versuchs mit dem Wasserstoffgas, so lässt sich doch nicht leugnen, dass, wenn auch dasselbe, wegen seiner geringern Schwere, keinen so grossen Druck wie die Atmosphäre ausüben kann, es dennoch ein Uebergewicht gegen die evaquirte Luft des Recipienten besitzt, besonders wenn diese Evaquation sehr stark geschieht, wie dies in dem §. selbst ausdrücklich vorausgesetzt wird. Bei dieser stärkern Ausleerung der Luft wird dennoch so ziemlich dasselbe Verhältniss zwischen Druck und Gegendruck hergestellt sein, wie zwischen der Atmosphäre und der minder verdünnten Luft des Recipienten. Dieser Versuch übrigens spricht weit mehr für, als wider den Luftdruck, indem er nämlich so angestellt werden muss, dass dabei der Grad der Luftverdünnung innerhalb des Recipienten von dem Grade der Dichtigkeit der äussern Luft abhängig gemacht wird. Denn es wird ausdrücklich eine stärkere Luftausleerung bei dem Wasserstoffgas, als bei der atmosphärischen Luft verlangt. Diese Abänderung des Versuchs deutet unmittelbar auf die Existenz eines Luftdrucks überhaupt hin, von welchem bald eine stärkere bald eine schwächere Wirkung erwartet wird.

§. 28. Ein anderer, eben so bekannter Versuch ist folgender. Wenn man zwei metallne hohle Halbkugeln, die genau auf einander passen, zusammenlegt, und die Luft aus der innern Höhlung möglichst auspumpt, so erhalten sie dadurch einen so festen Zusammenhang, dass man sie mit einer Kraft von 30 Centnern nicht aus einander bringen kann. Als Grund von dieser merkwürdigen Erscheinung wird in der neuern Physik der äussere Druck der Atmosphäre angegeben. Allein dem widerspricht die Erfahrung. Denn hängt man diese evaquirte Kugel in einem Kasten auf, verschliesst ihn luftdicht, füllt, mittelst einer passenden Vorkehrung, den Raum um die Kugel mit Wasserstoffgas an, und hängt ein 30-Centner-Gewicht an die Kugel, so wird dasselbe auch jetzt nicht im Stande sein, beide Halbkugeln von einander zu trennen, obgleich hier der Druck der Atmosphäre nicht vorhanden ist.

Beseitigung. Auch hierauf lässt sich, wie im vorigen §. erwiedern, dass, wenn gleich kein Druck der Atmosphäre Statt hat, doch immer noch ein Druck in Thätigkeit ist, dem vom Innern der Hohlkugel kein Widerstand entgegengesetzt werden kann. Dass hier aber in der That der Luftdruck die Hauptrolle spielt, geht unwiderleglich aus dem Umstande hervor, dass, sobald dieser äussere Druck gänzlich beseitigt wird, der Zusammenhang dieser Halbkugeln sofort sein Ende erreicht. Hiervon überzeugt man sich augenscheinlich, wenn man eine solche Kugel unter den Recipienten bringt, und ihn evaquirt, wo alsbald beide Halbkugeln aus einander fallen.

§. 29. Wenn es wirklich der Fall sein sollte, dass die Atmosphäre auf einen Q.-Fuss Fläche mit einem Gewichte von 2240 Pfund drücke, so stimmt hiermit ein Versuch nicht überein, dessen Ergebniss nicht bestritten werden kann. In einer 8 Fuss langen und 12 Q.-Zoll weiten, oben verschlossenen, metallnen Röhre befindet sich ein wohl anschliessender Metallkolben. Derselbe kann, nach der neuern Physik, nicht aus der Röhre fallen, weil seine Unterfläche vom Drucke der Atmosphäre, der auf 12 Q.-Zoll $186\frac{2}{3}$ Pf. beträgt, empor gehalten wird. Nun sollte man meinen, dass, wenn man diesen Kolben mit einem Gewichte, das etwas mehr als $186\frac{2}{3}$ Pf. wiegt, um die

Friction zu überwinden, beschwert, so müsste er aus der Röhre hinab fallen. Dies ist jedoch keinesweges der Fall. Es stellt sich vielmehr heraus, dass es ganz unmöglich sei, und wenn man auch noch so viele Gewichte anhängen wollte, den Kolben aus der Röhre zu ziehen. Denn beim ersten Centnergewicht, welches um $76\,{}^2/_3$ Pf. leichter als $186\,{}^2/_3$ Pf. ist, wird sich zwar der Kolben bis zu einer gewissen Tiefe senken, dagegen wird sich bei dem zweiten und allen folgenden Centnern, die angehängt würden, diese Tiefe verhältnissmässig, nach einer fallenden Progression, verringern, so dass endlich bei dem zunehmenden Gewichte gar keine weitere Senkung bemerklich sein wird. Wenn also der Druck der Atmosphäre es ist, welcher auf den Kolben wirkt, so bleibt es unerklärbar, woher die erstaunliche Vermehrung dieses Drucks kommen sollte, die doch ursprünglich nur $186\,{}^2/_3$ Pf. beträgt.

Beseitigung. Das Gleichgewicht zweier Kräfte kann auf doppelte Art gestört werden: entweder durch Vergrösserung, oder durch Verkleinerung einer der beiden Kräfte. Hier tritt der zweite Fall ein. Der Kolben kann nämlich nur dann aus der Röhre fallen, wenn der Luftdruck von oben dem nach unten gleich kommt. Es ist nun allerdings wahr, dass bei dem in Rede stehenden Versuche der Druck von unten fortwährend zunimmt, aber nicht etwa dadurch, dass der Atmosphäre eine allmälige positive Kraftvermehrung, von irgend woher, zugeführt wird, sondern weil die obere Luft immer leichter wird, und also dieser Gegendruck immer mehr abnimmt. Dieses Leichterwerden der obern Luft erfolgt, indem beim Hinabsinken des Kolbens dieselbe Quantität Luft gezwungen wird, einen sich stets vergrössernden Raum auszufüllen. Da nun diese Verdünnung der Luft nur durch das Niederziehen des Kolbens mittelst der angehängten Gewichte bewirkt wird, dem die Atmosphäre widersteht, welcher Widerstand aber in demselben Grade wächst, als die Oberluft an Dichtigkeit abnimmt; so ist es begreiflich, wie endlich ein Moment eintreten muss, wo die grösstmöglichste Anhäufung von Gewichten nicht im Stande ist, ein weiteres wahrnehmbares Sinken zu veranlassen. Denn die Gewichts-Anhäufung, welche den Gegendruck der Atmosphäre schwächen soll, ist es gerade selbst, welche demselben immer mehr Stärke verleiht, da der sich gleich bleibende atmosphärische Druck sich, wie gesagt, stets vergrössert im Verhältniss zu der immer leichter werdenden Oberluft. — Um endlich auch noch den Einwand zu entkräften, dass das erste angehängte Gewicht von 1 Ctr. den Kolben unmöglich hinabziehen könne, da derselbe mit $187\frac{2}{3}$ Pf. empor gehalten wird, so muss man erwägen, dass im Anfang noch das vollkommene Gleichgewicht zwischen Ober- und Unterluft herrscht, und also beide entgegengesetzt mit $187\frac{2}{3}$ Pf. auf den Kolben einwirken, sich gegenseitig aufheben, und erst dann, wenn der Kolben herunter gezogen wird, die Atmosphäre mit ihrem Druck von $187\frac{2}{3}$ Pf. in Wirksamkeit tritt.

§. 30. Es ist bereits im §. 11., mittelst des Versuchs mit einem umgekehrten Gefässe, dessen innere Luft durch das tiefere Eintauchen nicht stärker zusammengepresst wird, bewiesen worden, dass der Druck des Wassers auf leichtere Körper durch das tiefere Eintauchen derselben nicht vermehrt wird. Dem entgegen aber wird in der neuern Physik die Behauptung aufgestellt, dass der sich progressiv vermehrende Wasserdruck in der Tiefe, auf leichtere Körper von unten, sich am besten an der Luft in der Taucherglocke wahrnehmen lasse, indem sie zweimal dichter wird, wenn die Glocke 32 Fuss, viermal, wenn sie 64 Fuss u. s. w. untergetaucht ist. — Stellt man nun aber folgenden Versuch an, so wird man sich leicht vom Gegentheil überzeugen. In einem Fasse von circa 3 Fuss Durchmesser bringe man lothrecht eine an beiden Enden offene Glasröhre an, die oberhalb eine Klappe hat, welche sich nach innen öffnet, so dass, wenn das Wasser in die Röhre gestiegen, sie von selbst zufällt und das Wasser nicht wieder ausfliessen lässt. Taucht man nämlich dieses Gefäss umgekehrt ins Wasser, so wird sich die Klappe öffnen, das Wasser genau so hoch in die Röhre steigen, als es in das Gefäss selbst eindringt. Hebt man nun das Gefäss aus dem Wasser, so wird der Wasserstand in der Röhre angeben, wie hoch das Wasser in das Gefäss gestiegen war. Taucht man das Gefäss in verschiedenen Tiefen ein, so wird man finden, dass der Wasserstand in der Röhre immer derselbe bleibt. Hieraus geht unwiderleglich hervor, dass der Wasserdruck in der Tiefe auf leichtere Gegenstände nicht zunimmt.

Beseitigung. Es wird hier eingeräumt, dass die Luft von normaler Dichtigkeit komprimirt werden kann. Denn wäre dies nicht der Fall, so würde die normale Luft in dem umgekehrten Gefässe und also auch in den Röhren einen solchen Widerstand leisten, dass das Wasser in beiden nicht hinaufsteigen könnte. Kann aber die Luft komprimirt werden, so treten dieselben Erscheinungen im umgekehrten Sinne ein, wie solche im vorigen §. angeführt worden. Nämlich: die eingeschlossene Luft wird in einem sich progressiv vermehrenden Grade dem eindringenden Wasser Widerstand leisten. Das Steigen des Wassers im Gefässe nimmt daher sehr schnell ab, und wird bald so geringfügig sein, dass es gar nicht zu bemerken ist. Wenn demnach bei verschiedenen Tiefen kein Unterschied im Wasserstande der Röhre wahrgenommen werden konnte, so beweist dies Nichts gegen das Zunehmen des Wasserdrucks in der Tiefe. Es ist übrigens zu bedauern, dass bei diesem Versuche durchaus keine Maasse, sowohl von den verschiedenen Tiefen, als auch von den Wasserständen, mitgetheilt sind, indem hierdurch doch allein nur erst das rechte Licht über die daraus erfolgten Resultate verbreitet werden konnte.

Nachtrag.

In Beziehung zu dem Aufsatz des Herrn etc. v. Drieberg „Mein letztes Wort an die Physiker" (Vossische Zeitung No. 131.).

Mit diesem „letzten Wort" ist wahrscheinlich die Diskussion über diese Angelegenheit in den öffentlichen Blättern abgeschlossen. Es schien daher passend, die darin enthaltenen fünf §§. hier noch nachträglich zu beleuchten, welches zugleich als eine theilweise Recapitulation der wichtigsten Sätze betrachtet werden kann, die in dieser Abhandlung näher besprochen worden sind.

§. 1. Das Gleichgewicht des ruhigen Wasserspiegels bedingt nicht, wie bei dem Gleichgewicht fester Körper, die Gleichheit der Massen, wie sich dies aus dem Gesetze der communicirenden Röhren von ungleicher Schenkelweite beweisen lässt.

Beseitigung. Nicht nur der ruhige Wasserspiegel ist wagerecht und im Gleichgewicht, sondern auch alle Schichten in der Tiefe des Wassers, die parallel und concentrisch mit ihm sind, besitzen diese Eigenschaft. Dieses Gleichgewicht ist aber auch den festen Körpern eigen, und entsteht überhaupt aus dem gleichen entgegengesetzten Seitendruck. Beispiele hiervon liefern die Spannungen bei den scheitrechten Gewölben. Bei dem Wasser tritt noch die Eigenschaft der Zerfliessbarkeit hinzu, welche diese Spannung begünstigt. Sie wird daher allerdings durch die Gleichheit der Massen bedingt. Denn jedes Wassertheilchen wirkt einem eben so grossen Wassertheilchen entgegen.

Was aber die communicirenden Röhren von ungleichen Schenkelweiten betrifft, so muss man bedenken, dass das Wasser in beiden Schenkeln sich keinesweges gegenseitig trägt. Getragen wird das Wasser von den Böden beider Schenkel. Durch die wagerechte Communications-Röhre aber bestreben sich nur zwei Wassersäulen auszufliessen, welche vom Durchmesser dieser Röhre sind. Die Richtung dieses beiderseitigen Ausflusses ist entgegengesetzt, auch rührt Druck und Gegendruck von gleich starken und gleich hohen Wassersäulen her, die also auch von gleichen Massen sind, und kann demnach dieser Ausfluss von keiner Seite erfolgen. Die übrigen Wassersäulen in dem weitern Schenkel kommen hierbei gar nicht in Thätigkeit. Nur von der Säule, die zunächst der Mündung ist, welche dieselben Dimensionen und Masse besitzt, wie die im engern Schenkel, kann die Rede sein. Die andern Säulen halten sich selbst im Gleichgewicht; die Gesetze des Gleichgewichts bleiben daher, bei den festen wie bei den flüssigen Körpern, ganz dieselben, und weichen sie nur in der Art, wie sie in Thätigkeit treten, ihrer Construction entsprechend, von einander ab.

§. 2. Der Wasserkörper hat im Wasser kein Vermögen zum Sinken. Weil er aber kein Vermögen zum Sinken hat, so kann er auch auf das Wasser keinen Druck ausüben. Ferner kann ein Wasserkörper im Wasser, und wäre er auch noch so gross, bei der leisesten Berührung in die Höhe gehoben werden, er kann daher auch nicht nach unten drücken.

Beseitigung. Wenn es wahr ist, wie sich doch nicht bestreiten lässt, dass man von einem Körper, der im Wasser zu sinken vermögend ist, behaupten kann, sein Druck nach unten sei grösser als der Gegendruck des Wassers nach oben; so folgt daraus unmittelbar, dass bei dem Wasserkörper, der ein solches Vermögen nicht besitzt, Druck und Gegendruck gleich sein muss; nicht aber, dass weder Druck noch Gegendruck vorhanden ist. Eine Hand zwischen dem Centner und der Schale einer im Gleichgewicht befindlichen Wage empfindet, trotz des Gleichgewichts, den vollen Druck dieses Centners. Die Hand unter dem Wasserkörper im Wasser kann keinen Druck fühlen, weil dieser Druck gewölbartig abgelastet und hingeleitet wird zu den Seiten der Hand. Unternimmt man eine Trennung des Ober- und Unterwassers dadurch, dass man die untergehaltene Hand mit einer Platte belegt, die bis an die Wandung des Gefässes reicht, so wird man nicht nur den ganzen Druck des Wasserkörpers, sondern auch noch den Totaldruck des gesammten Oberwassers empfinden. Uebrigens kann der Wasserkörper, trotz seines Druckes auf das Unterwasser, doch bei der leisesten Berührung gehoben werden, weil er seine Unterstützung, das Unterwasser, überall mit sich in die Höhe nimmt, wie das Gewicht seine Wageschale.

§. 3. Das Gewicht eines Wasserkörpers im Wasser ist durch den gleichen Gegendruck aufgehoben. Aufgehobenes Gewicht aber kann auf keinen Gegenstand drücken. Also Wasser in Wasser drückt nicht. Dagegen übt ein Wasserkörper im Wasser seinen vollen Druck auf den Boden des Gefässes aus. Denn dieser Druck nach unten rührt von der Schwere her. Die Schwere aber ist bei Wasser in Wasser aufgehoben und zwar durch den Gegendruck, der seinerseits nicht von der Schwere, sondern vom Gleichgewicht des Wasserspiegels herrührt.

Beseitigung. Das Gewicht eines Körpers, und also auch seine Wirkung, kann durch ein gleiches Gegengewicht niemals aufgehoben oder vernichtet werden. Die Wirkung der Schwere eines Körpers auf einen zweiten Körper ist **Bewegung** oder **Druck**. Bei dem Gleichgewicht ist die Bewegung aufgehoben, folglich bleibt noch der Druck. Also **Wasser in Wasser** drückt, und pflanzt daher auch seinen **Druck** auf den Boden fort. Wäre das Gewicht, und mit ihm der **Druck**, vernichtet, **wie könnte der Boden gedrückt werden?** — Wenn die unterste Wasserschicht nicht von dem Oberwasser gedrückt wird, so trennt sie, hinsichtlich des Drucks, das Oberwasser von dem Boden; **wie kann also das vom Boden getrennte Oberwasser den Boden drücken.** Drückt es aber, wie die Erfahrung lehrt, dennoch den **Boden**, so muss offenbar auch die unterste Schicht, die zwischen dem drückenden **Oberwasser** und dem **gedrückten Boden** liegt, gedrückt werden, d. h. **Wasser in Wasser muss drücken.**

Mit dem Druck entsteht oder verschwindet zugleich der Gegendruck. Das Unterlager könnte keinen Gegendruck ausüben, **wenn es nicht von einem Körper gedrückt würde**, und ebenso auch umgekehrt. So wie nun erst aus einem **Gegendruck** ein **Druck** entsteht, ebenso entsteht aus dem Druck der Gegendruck, und **Eins** erzeugt das **Andere**. Wenn also die Schwere den Wasserdruck nach unten, und dieser Druck den Gegendruck nach oben erzeugt, so muss auch die Schwere diesen Gegendruck erzeugen. Das Gleichgewicht der Oberfläche hat mit dem Gegendruck nach oben nichts zu schaffen. Denn dieses Gleichgewicht findet nicht blos bei der Oberfläche, **sondern auch bei allen wagerechten Schichten durch die ganze Tiefe des Wassers Statt**, und entsteht durch den gleichen und entgegengesetzten Seitendruck.

§. 4. Eine Kugel, die z. B. um die Hälfte specifisch schwerer als **Wasser** ist, und in der Luft 6 Pfund wiegt, verliert im **Wasser** 3 Pfund. Mit diesen 3 Pfunden, mit welchen sie also das Wasser nicht drückt, drückt die Kugel den Boden, und mit den übrigen 3 Pfunden wird sie sinken, oder die untergehaltene Hand drücken, woraus folgt, dass nur ein Körper von grösserem specifischen Gewichte als Wasser, im Wasser einen darunter befindlichen festen Gegenstand zu drücken vermag.

Beseitigung. Es spricht zuvörderst wider alle Erfahrung, dass ein in's Wasser getauchter Körper von 6 Pfund, ohne alle Rücksicht auf sein specifisches Gewicht, nicht den Totaldruck auf den Boden des Gefässes um die volle 6 Pfund vermehren sollte. Wer einen Eimer Wasser aufhebt, hat zugleich das ganze Gewicht aller darin befindlichen fremdartigen Körper zu tragen, diese mögen sich in Ruhe oder Bewegung befinden. Mit demselben ganzen Gewichte muss daher auch, nach dem vorhergehenden §., das Unterwasser gedrückt werden. Das Sinken erfolgt aber nur mit 3 Pfund Kraft, welche auf die Hand drücken, wenn sie diese Bewegung verhindern will. Oder: das Unterwasser wird mit den ganzen 6 Pfunden gedrückt, das Sinken aber erfolgt mit 3 Pfund Druck, gerade so wie bei der Wage, die 3 und 6 Pfund trägt. Die überlastete Schale wird mit 6 Pfund gedrückt, sinkt aber nur mit einer Geschwindigkeit, die dem Druck von 3 Pfund entspricht.

§. 5. Jedes Lufttheilchen muss sein volles Gewicht dem Gegendruck entgegen setzen, um sich an seinem Platze zu erhalten, wodurch ihm ein anderer Druck durchaus unmöglich wird. Die Gesetze der Statik lassen sich nicht auf die der Hydrostatik und Aërostatik übertragen. Dort herrscht nur das Gleichgewicht der Schwere, hier auch das Gleichgewicht der Oberfläche. Der statische Gegendruck ist ein todter, der sich nur leidend verhält; der hydrostatische ein lebendiger, der Steigekraft besitzt. Es lässt sich also nicht ein Wasserkörper, der das Gewicht eines Centners hat, und sich im Wasser befindet, mit einem Centner - Gewicht in der Luft, auf einem Brette stehend, vergleichen.

Beseitigung. Indem jedes Lufttheilchen sein volles Gewicht, aber auch noch seine Expansibilität dem Gegendruck entgegensetzt, um sich in seiner Stellung zu behaupten, übt es ja eben, nach allen Richtungen hin, einen Druck aus. — Das so genannte Gleichgewicht der Oberfläche ist nichts weiter, als das Gleichgewicht des Seitendrucks. Vertical- und Seitendruck können aber sowohl bei den festen, als bei den flüssigen Körpern in Thätigkeit sein. Hierin unterscheidet sich die Statik von der Hydro- und Aërostatik durchaus nicht. Eben so wenig ist dies der Fall in Betreff des so genannten todten und lebendigen Gegendrucks. Denn wenn in der neuern Physik ein Centnergewicht in der Luft, auf einem Brette stehend, mit einem Wasser - Centner im Wasser verglichen wird, so ist dies ganz in der Ordnung, wenn man sich unter dem Brette die hölzerne Schale einer im Gleichgewicht befindlichen grossen Wage vorstellt, welche Schale, wenn das Gewicht gehoben wird, eben so gut mit in die Höhe geht, und also Steigekraft besitzt, wie dies der Fall mit dem Wasserkörper im Wasser ist.

Gedruckt bei W. Moeser und Kühn.

MIX
Papier aus verantwortungsvollen Quellen
Paper from responsible sources
FSC® C105338

If you have any concerns about our products, you can contact us on
ProductSafety@springernature.com

In case Publisher is established outside the EU, the EU authorized representative is:
Springer Nature Customer Service Center GmbH
Europaplatz 3, 69115 Heidelberg, Germany

Printed by Libri Plureos GmbH
in Hamburg, Germany